CNS 湖南科学技术出版社 博集天卷 CS-BOOKY

前言

荒诞而严谨的现实

仔细聆听，你现在听到的是什么声音？

即便在无意识的状态下，我们也能不间断地听到别人的讲话声、音乐声、风声等等。

虽然大部分人在日常的生活中，可能都意识不到自己耳朵的存在，但耳朵的作用却真的很厉害。

耳朵不仅有听到声音的作用，还有保持身体平衡的作用。

我一想到在地球上除了人类以外还有那么多动物，更觉得不可思议。

我首先想到的动物就是长着一对长耳朵的兔子。

兔子的耳朵除了能听到声音以外，还有散热的作用。

另外，作为亮点，那一对长长的耳朵也非常可爱。

咦，那鱼和水母的耳朵呢？……

好奇心使然，我便出了这本书。

为了让大家能从感兴趣的主题开始阅读，我们对这本书进行了精心的编排。

书里面介绍的动物主要是横滨动物园ZOORASIA、阳光水族馆、品川水族馆以及新江之岛水族馆正在饲养或曾经饲养过的动物。

此外，书中还收录了一些大家熟悉的动物的耳朵，它们都很可爱。

在增长知识的同时，也请大家去看一看动物们真实的耳朵。

如果以此为契机，能让大家了解到更多动物的身体构造以及它们精彩的生命活动，进一步认识到生物的多样性及丰富性的话，我将十分高兴。

目 录

凭借超强听觉
猎取食物

第 2 章 海·河篇

真的假的?!
在水里也能大显身手的耳朵

第3章
闲话身边的动物耳朵

协助取材

本书的使用方法

这本书的编排特点就是能让读者从任何一种自己感兴趣的动物的页面开始阅读。

除此之外，书中还对阅读后能让读者增长知识的信息和页面中出现过的各项特点都加以总结。

图标

为了能让大家知道动物的耳朵有多厉害，我们设计了不同的图标。分为“卖萌指数”“厉害指数”“交流指数”和“隐藏指数”4种。

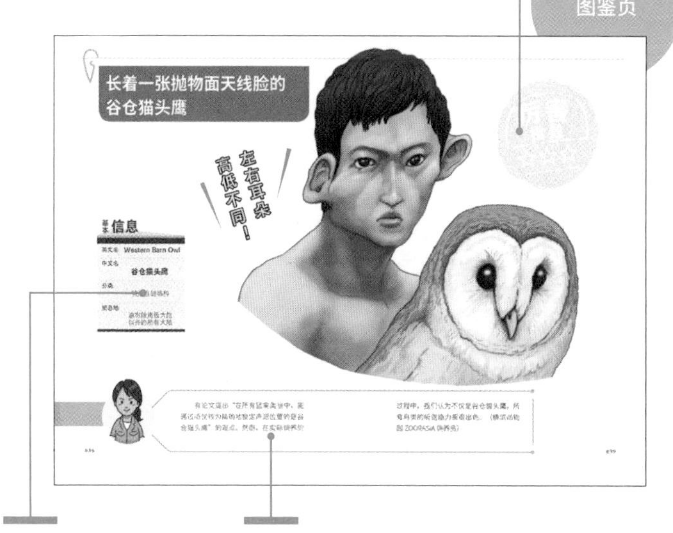

动物数据

简明扼要地概述了动物的相关信息。

专家点评

邀请了活跃于动物园、水族馆、兽医院等各个现场的专家，讲述观察动物耳朵的要点，以及动物的魅力所在。

解说页

解说

根据动物的种类，分别介绍它们的耳朵的功能、交流方式以及能听到的声音等内容。

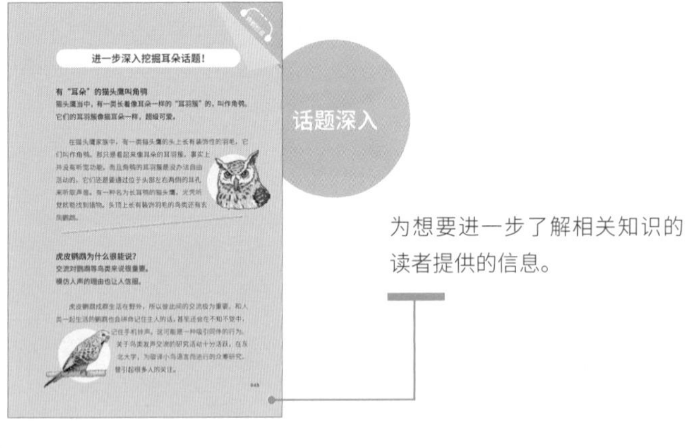

为想要进一步了解相关知识的读者提供的信息。

耳朵的基础知识

什么是耳朵

这里说的“耳朵”，包括外观可见的耳廓、耳孔以及里面的器官等。具体是指耳朵的哪个部分，会因为各种不同的思考方式而不同。

在动物的世界里，“耳朵”是统称，其种类繁多。有些动物像我们人类一样，拥有外观可见的耳朵。有些动物虽然从外观上无法看到耳朵，但却有听音能力。还有些动物长着只有鼓膜露在外面的耳朵。

另外，因为耳朵的功能还与声音交流有关，因此除了听觉以外，我们在解说中还加入了与视觉、嗅觉等相关的感觉器官以及声音的话题。

以人耳功能为例

用人类为例的话，大致可以把耳朵分为三个部分——从耳垂到鼓膜的“外耳”，最里面的“内耳”以及连接外耳与内耳的“中耳”。

声波引起耳道末端的鼓膜产生振动，而位于中耳部分的听小骨（3 块骨头）会增加声强，然后将信号传递给大脑，从而使人听到声音。

动物之所以有两只耳朵，是因为声音从声源到达两只耳朵的时间略有差异，它们可以通过这一时间差得知声源的方向（大脑在毫无意识的情况下计算得出）。

此外，耳朵不仅有听到声音的作用，还有保持身体平衡的作用。

生物系统 • 进化与耳朵

如果把动物的耳朵按类别来区分，它们就会有一个大致的进化方向，比如大多数哺乳动物有着向外生长的耳廓，鸟类只有耳孔（没有耳廓）。但若按照生物种类区分，它们之间就存在很大差异了。

注意

1. 刊载信息基于受访单位、动物园及水族馆官方网站上发布的信息、图文等。可能会因为环境、个体、年龄等因素而发生变化。
2. 书中介绍的动物园、水族馆的展品及其饲养的动物可能会发生改变。

第1章

陆·空篇

你所不知道的超厉害的耳朵

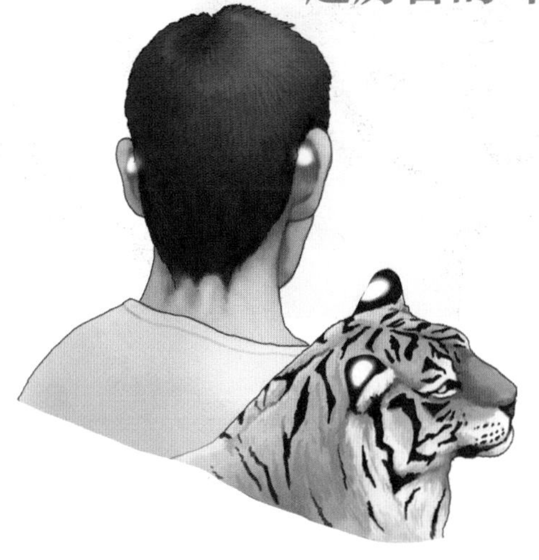

用耳朵的形状来表达情感！变成“飞机耳”的猫耳朵

虽然猫咪的耳朵会老化（狗也会如此），但它们厉害的地方就是从不缅怀过去，总是一副乐天派的样子，“我以前听力超棒的，好幸福哟”。我曾经把家里的高龄猫咪寄养

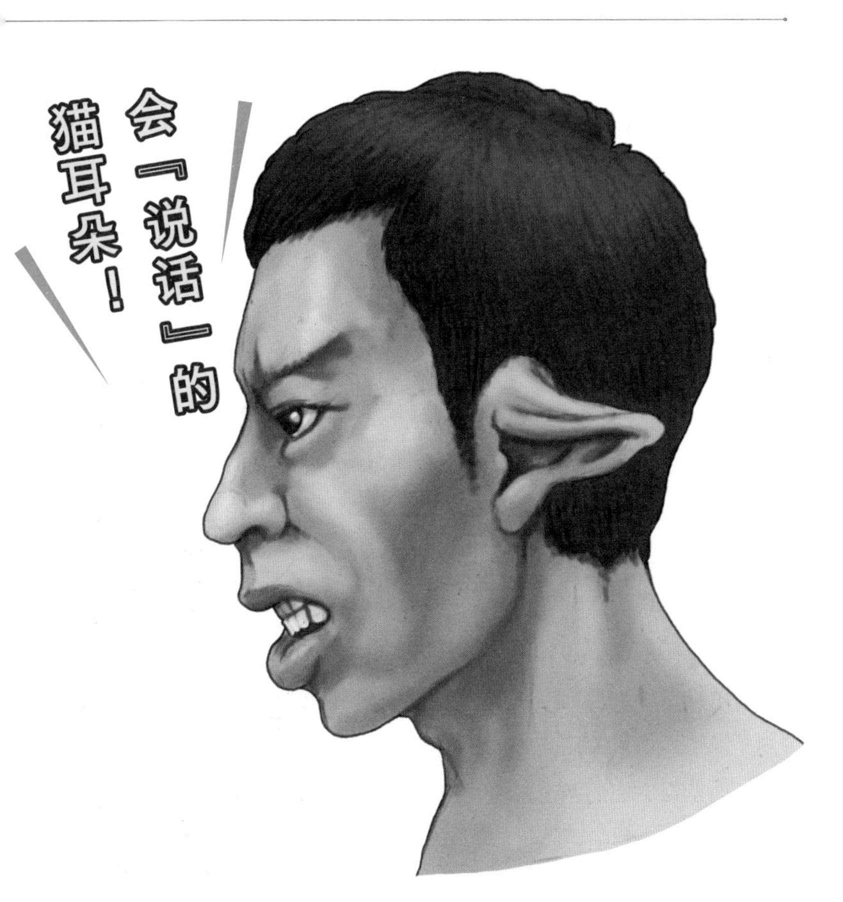

在宠物医院，尽管它的耳朵不灵光了，但只要我去看它，即使我们的距离很远，它也能听出我的脚步声，在那里等着我。（兽医 北泽医生）

基本信息

英文名	Cat
中文名	猫
分类	食肉目猫科
栖息地	作为家猫遍布全球

看似面无表情……
但耳朵却透露出心情！

虽说猫咪是领地意识超强的独居者，但为了与同伴和平共处，“社交”也是必不可少的。这就要仰仗耳朵（听觉）、鼻子（嗅觉）和眼睛（视觉）等感觉器官了。

猫咪的眼睛可以捕捉并放大极其微弱的光线，它们的嗅觉也十分敏锐，可以说它们所有的感官都很敏锐。如果关注猫咪的听觉，你就会发现它们的两个耳朵可以分别转动，听力超强。

即便是不需要猎食的家猫，它们的听力也比你强得多。有一种说法是，猫咪的听力是人类的听力的 8 倍。

而且，猫咪耳朵的“表情”也相当丰富，时而竖起，时而放平，欢喜或愤怒的心情让人一目了然。

要点

猫耳朵的“表情”非常丰富，可以用来表达情感。如果它们的耳朵变平或者朝后，也就是变成了所谓的“飞机耳”，那就是威吓与攻击的信号。虽然对猫咪的飞机耳没有具体定义，但以下 3 组便是类似的情况。

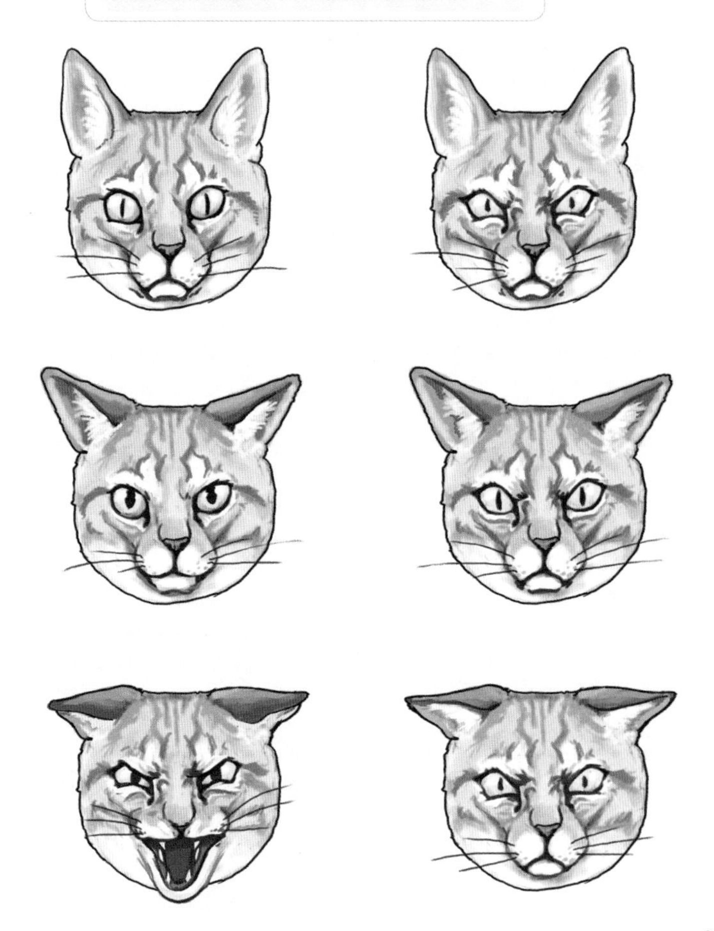

不光可爱，猫咪的听力可是你的 8 倍哟！

五感出众，美丽又充满魅力的猫咪

模仿猫咪耳朵的发箍和将头顶两侧头发梳成隆起的“猫耳”的发型，受到了年轻人的热烈追捧。虽然我们经常会用“好萌”“好可爱”来形容猫咪的耳朵，但若是关注其耳朵的性能，你将会一改先前的印象，从而深入地了解到猫咪的生活方式。

猫咪与群居生活的狗不同，通常独来独往。但为了和同伴们交流，以及选择合适的对象繁衍后代，“社交生活”成为必需的。此外，为了逃避危险和获得食物，它们还会对周围环境始终保持警惕，一旦察觉情况不对，便立即采取行动。

因此，猫咪的感觉器官十分敏锐，其中最厉害的就是耳朵。无论是吃饭还是睡觉，只要有动静，它们就会立刻“出手”……

自由随性的性格以及身上光滑的皮毛，让猫咪广受大众喜爱。现在猫咪作为宠物，甚至比狗还受欢迎。尽管猫咪看起来活得悠闲自得，但每到紧急时刻，它们立刻就

能发挥出超强的体能和出众的感官能力。另外，不会消失的野性也是猫咪的魅力所在。

“喜欢女性”“卓越的平衡感”也是因为耳朵

猫咪全身柔软，颜值很高，但最受大家喜爱的还是那对耳朵。

所谓的“猫耳”是指猫咪整个耳朵中的可见部分，即耳廓。猫咪的耳廓由许多肌肉组成，可以自由地向左右两侧单独转动约 180 度。猫咪的耳朵不仅能灵活转动，还可以高效地收集声音。耳廓将收集来的声音内传至鼓膜，引起鼓膜振动，通过中耳内的听小骨传达到内耳，再经由内耳中一个叫作“耳蜗”的器官转换为神经冲动，最后通过听觉神经传送至大脑。

要说猫咪的听力有多厉害，它甚至可以听到位于 20 米外的老鼠发出的声音。有句话说得好：在你进玄关前，你家的猫咪就已经在等着你了。它们大概是通过汽车声或脚步声来得知主人回家了。

猫咪的听觉超级灵敏，尤其擅长听取高音调的声音。有人说“猫咪喜欢女性”“喜欢听高音”，有一种猜测是“那是因为家鼠发出的叫声又尖又高”,这些说法可能都是正确的。事实上“即便是女性本身也喜欢听成年女性的声音”，人们推测这样很可能是因为声音高而尖的人（主要为女性）体格较小，其危险性和攻击性相对较小。顺便一说，同样能发出高音，猫咪对幼儿却喜欢不起来，可能是因为“它们对无法预测的行为都比较头痛”吧。

此外，猫咪对声源位置的判断误差仅在 0.5 度左右（人类是 4 度以上），让人不得不感叹猫耳的厉害。

进一步深入挖掘耳朵话题!

亨利小袋是什么?

养猫人很在意的耳根处的小豁口，它其实是……

在英文版维基百科上，关于“Henry's pocket（亨利小袋）”的条目是这样解释的：位于猫咪耳根部的皮肤褶皱，其确切作用尚未有定论。但或许能让猫咪在猎取食物时更容易接收到高音调的声音。除此之外，亨利小袋貌似还有通风、增加耳朵可动范围等功能。在日语中也有“缘皮囊”“耳袋”等其他叫法，大家都很喜欢那个部位哟。

“猫咪通灵”的说法是真的吗?

死盯着空无一物的墙壁或天花板看，莫非是有幽灵?

你见过猫咪盯着空无一物的地方，或者用眼睛追着什么东西一直看过去的样子吗？在古代埃及，猫咪被奉为神明，它们美丽的眼睛、锐利的目光，极具神秘感。这就能解释为什么它们会被认为是“通灵动物”了。其实，猫咪有这样的行为并不是没有原因的，毕竟它们可以听到一些人类听不见的声音。也许是鸟类或老鼠在墙壁或天花板上发出的声音吧。

藏在野生猫科动物耳朵背后的证据！老虎耳朵上的“耳后斑”

在横滨动物园 ZOORASIA 里饲养着“对马山猫”，它们通常只生活在长崎县的对马岛上。我们发现，对马山猫也长有“耳后斑”。但由于色调平衡，“耳后斑”在老虎棕黄色的、

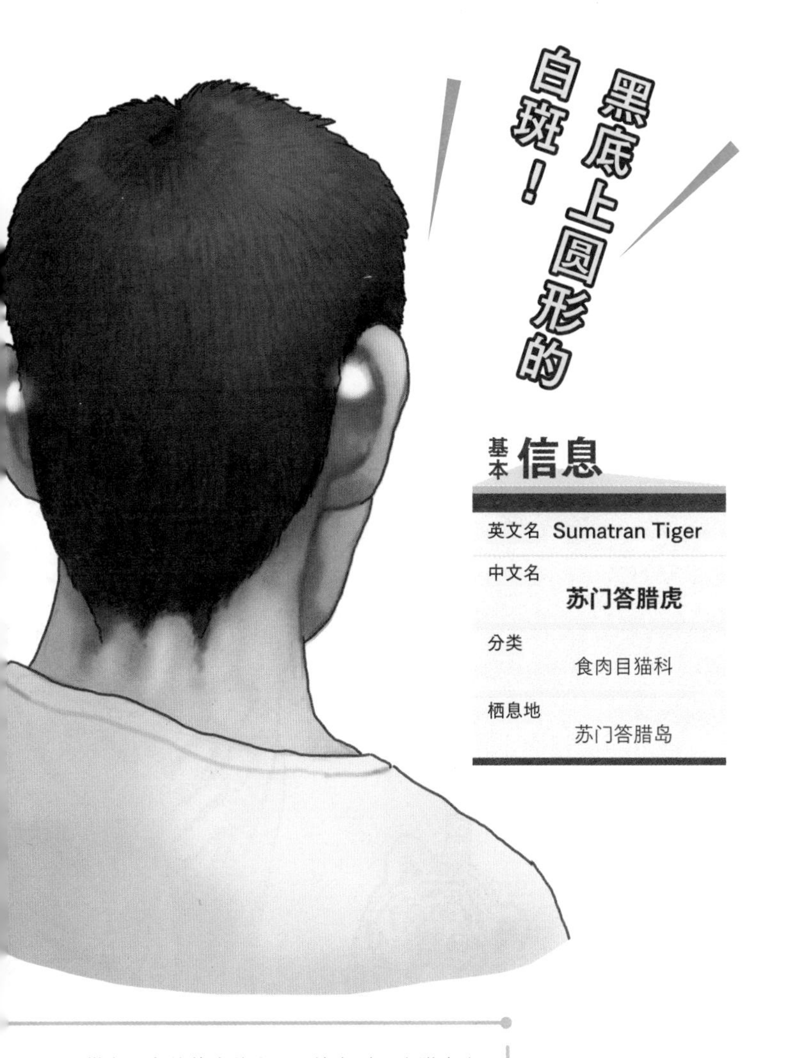

基本信息

英文名	Sumatran Tiger
中文名	**苏门答腊虎**
分类	食肉目猫科
栖息地	苏门答腊岛

带有黑条纹的身体上，要比在对马山猫身上更加显眼。果然还是老虎的“耳后斑”更正宗一些。（横滨动物园 ZOORASIA 饲养员）

老虎通过耳朵后面的记号完成亲子互动

要点

看耳朵反射来判断麻醉效果

在一本专业饲养动物的图书中，关于麻醉狮子（与老虎同属猛兽类）有这么一段有趣的描述："麻醉后，可以用棍棒等碰触狮子的耳朵，如果耳朵毫无反应，就说明麻醉药起作用了。"不过，除此之外还有其他的确认方法。

要点

虎妈的爱

哺乳动物照看自己幼崽的方式多种多样。日语中的“虎の子”是用来形容珍爱、宝贵的东西，因为虎妈们小心守护着自己的幼崽。为了避免漏听敌人靠近的声音，虎妈们始终竖起耳朵，时刻保持警惕。

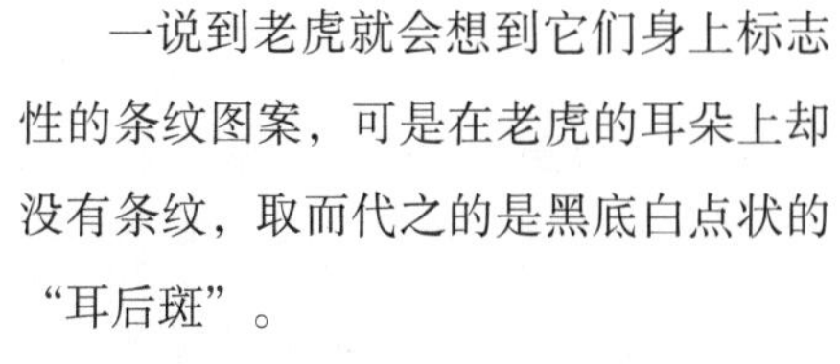

一说到老虎就会想到它们身上标志性的条纹图案，可是在老虎的耳朵上却没有条纹，取而代之的是黑底白点状的“耳后斑”。

我曾经向 ZOORASIA 里苏门答腊虎的饲养员了解过有关老虎耳朵的问题。

“除了雌虎小海（Laut）①的右耳前端有缺损以外，每只老虎的‘耳后斑’都十分醒目。你可以通过观察它们耳朵的朝向，得知它们正在关注哪个方向。即便它们正脸面对你，如果耳朵朝后翻，就说明它们此时此刻更关注的是身后的情况。如果老虎处于发怒或者警戒的状态，它们就会把耳朵尽量藏起来（平时我们看到的老虎耳朵是竖立的状态，而此刻它们是不会让你看到耳朵的）。”

①老虎的名字。Laut（ラウト）在印尼语中有“海”的意思。——译者注

通过角度和动作幅度来传达情感的“耳语”

耳后不是虎纹，而是黑底白斑

老虎是最大的猫科动物，具有肌肉发达、反应敏锐等特点。

据说老虎在自然界中是慢慢潜行，待靠近猎物后再发动猛攻的“伏击型”猎手，但有时候它们也会主动地四处觅食。

很多哺乳动物都不擅长识别颜色，于是老虎身上的条纹便成了很好的保护色。虎纹能让老虎在草木斑驳的森林环境中不容易被发现，然而这在人类的眼中却十分鲜艳、醒目。正因如此，很多老虎都成了盗猎者获取虎皮的牺牲品。

虽然没有人对老虎的“耳后斑”进行过详细的研究，但也许就像我们人类可以区分长相不同的人脸一样，老虎的“耳后斑”也可能是它们区分彼此的记号。

另外，尽管我们可以在老虎和对马山猫等野生猫科动物的身上看到“耳后斑”，但在与人类一起生活的家猫身上却没有发现。“耳后斑”的有无，似乎与生活方式和狩猎方法有关。

一位在 ZOORASIA 里工作的饲养员推测道：“黑底白斑

是非常醒目的，可能是为了防止跟在虎妈身后的幼崽迷失方向。另外，‘耳后斑’也有表达意图的作用。当老虎发怒时，它们会将耳朵前翻，让对手从正前方就能看到白色斑块。这样做也许是为了威吓对手——我现在很生气哟。”

除此之外，老虎也被称为森林之王，它们是强悍的猎手，但同很多哺乳动物一样，它们的幼崽在出生时尚未成熟，没有虎妈的保护就无法生存下去。“耳后斑”是虎崽辨认虎妈的记号，也可能是虎妈向虎崽发出某种信号的媒介。

不错过任何猎物声音的集音器

虽然我们是从层次较为深入的“耳后斑”开始讲起，但老虎的耳朵作为集音器，同样发挥着出色的性能。

老虎的耳朵非常灵活，完美地起到了集音器的作用，它不会错过任何猎物发出的声音。据说老虎的听力是人类的 2 倍以上。

日本动物园水族馆协会颁布的《安全设施指南》中指出：“老虎听觉灵敏，如果在兽舍周围发出异常声音或过度噪声，可能会造成其产生压力及打斗，因此要控制音量和振动。在饲养妊娠期老虎时要特别注意。”

进一步深入挖掘耳朵话题！

对马山猫也有“耳后斑”

日本特有的“对马山猫”，耳朵后面也有野生记号。

大约10万年前，对马山猫从当时尚与陆地相连的大陆迁移而来。它们被认为是阿穆尔豹猫的变种。对马山猫栖息在长崎县的对马岛上，大多独居于水边的灌木丛。它们的耳朵小而圆，耳背呈黑色，且根部有白色斑块（耳后斑）。对马山猫的大小与家猫差不多，但可以通过体形以及耳后斑来加以区分。

如何让去动物园变得更有趣

诀窍就在于要选准一个主题。
我的建议是：观察耳后！

如果把目标锁定在“耳朵后面”，比较一下其他猫科动物的“耳后斑”，就会有新的发现。例如：老虎和雪豹（同为豹属动物）都有着纹路清晰的“耳后斑”，薮猫有着对比度较弱的“耳后斑”。此外，有趣的是，即便是同一物种，其间也存在着略微的差异，就如同人类的指纹一样。可能以这样一个主题去参观动物园，会更有意思哟。

哪个听得更清楚，狗的垂耳还是立耳？

基本信息

英文名	Dog
中文名	狗
分类	食肉目犬科
栖息地	作为家犬遍布全球

我曾经给退役的导盲犬看过病。在役时，导盲犬很有责任感，而退役后，原来的那份紧张感便会消失，它们会变得比较平和、乖巧。不过，即使停止训练，导盲

犬的听力也不会下降。除了听力等素质以外，对导盲犬来说，性格温和、工作热情高涨等方面也十分重要。（兽医 北泽医生）

用肌肉控制耳朵
锁定想要听到的声音！

要点

可以听到人类听不见的声音

据说狗的听力范围是 65 ～ 50000Hz（赫兹），而人类是 16 ～ 20000Hz，通过对比这两组数字，就知道狗耳朵有多厉害了。

包括狗在内的哺乳动物，都是通过传递与接收各种声音进行交流的。

最近还有研究结果表明，除了同类之间的语言，狗还能分辨出人类的语言。当然，猫的听觉也十分了得，但似乎狗更通人性一些，适合做实验，这方面的数据也相对丰富。

狗拥有发达的耳廓肌，可以任意地控制耳朵运动。

可能有人会想："它听力这么好，周围都是噪声，岂不是要被吵死了？"其实无须担心，它们似乎可以有意识地区分出有必要听到的声音，比如喜欢的人的脚步声或讲话声。

要点

听得出主人回家的声音

大家都知道狗的听觉十分灵敏，听脚步声得知主人回家属于其基本技能。在同类之间，它们似乎还可以通过对方的叫声，判断出声音主人的体形和大小。

发挥耳朵特长的最佳工作伙伴

嗅觉灵敏，听觉也出色

仅在日本国内，包括杂交犬在内就有超过 200 种公认的犬种。而其中大多数都是人工配种的杂交犬。

说到狗的感觉器官，有一个特点：它们在视觉方面不只是近视眼，识别颜色的能力也较差。不过它们的嗅觉倒是非常灵敏。

那狗的听觉呢？它们的听觉的发达程度仅次于嗅觉。话虽如此，刚出生的小狗由于耳朵被周围组织挤压，耳道完全闭合，是听不见声音的。它们通常在出生后 3 周左右才会有听力。

在形状各异的耳朵当中，垂耳型的狗狗也是听力超群的！

现在，犬类的耳廓（耳朵的形状）因为犬种的不同而多种多样，但最开始它们的耳廓都是三角形的。自从和人类生活在一起，犬类就不再需要对敌人时刻保持警惕，狩猎的机会也变少了。于是，它们为警戒而生的耳廓肌开始退化，耳朵逐渐变得下垂。此外，由于垂耳型的宠物狗深受大家喜爱，所以选择性人工配种的结果就是繁育出了各种垂耳型的犬种。

现如今，犬类的耳廓大致可分为立耳型、垂耳型和半立耳型三种。尽管立耳型犬种的听觉确实出色，但三者间并没有特别明显的差异。此外，就算它们的耳廓种类不同，但耳朵的基本结构与功能并无差别。

只不过，垂耳型犬种的耳朵内部的通气性往往会比较差，更容易患耳部疾病。对那些外耳道多毛、多褶皱，耳沟较多的犬种来说，耳部的护理与健康管理极为重要。

狗狗耳朵的结构由外至内分别是外耳、中耳和内耳。它们与人耳的区别如下：

比较耳廓，我们会发现：人类的耳廓位于耳道外侧，形如贝壳。而狗狗的耳廓位于头顶上方，多为三角形（包括垂耳型的犬种）。

比较耳道（外耳道），我们会发现：人类的耳道如同一个横卧的“S”形。这意味着随着大脑的发育，原本在头顶的耳廓来到了头的两侧。与此相对，狗狗的外耳道呈“L”形，它们的耳廓曾经朝着地面方向往下生长，之后才变成朝水平方向生长。

无论是人类还是狗狗，外耳道里面都会有老化脱落的皮肤角质等垃圾混杂在一起，形成耳垢。像我们给自己清理耳朵一样，我们也应该时常给狗狗清理耳朵，但因为它们的耳部结构与我们的不同，所以清理它们的耳朵时一定要非常小心。

进一步深入挖掘耳朵话题！

在成为宠物狗后耳朵变得更可爱了

长时间与人类共同生活，导致狗狗的性格和耳朵都发生了变化。狗狗永远是人类最好的朋友。

狗狗的祖先是狼。据说它们中的一部分被人类驯化，在与人类共同生活的过程中，它们的攻击性和警戒心都变弱了，于是出现了垂耳型的犬种。不仅是耳朵下垂，为了适应环境，它们的耳尖似乎也变圆了。但耳朵下垂并不会影响它们的听力，这些狗狗依然在猎犬及警犬等领域大放异彩。只不过枪声对猎犬的耳朵会造成伤害，因此，耳朵垂下来反而对狗狗更好。

狗狗的听力也会随年龄增长而变差

当它们对万物都要先凑近闻一闻时，可能就是其变老的信号。

狗狗的听力比人类强上很多，不仅如此，它们还能捕捉到很多声音，耳朵甚至还会朝着声源方向转动。控制耳廓运动的肌肉被称为耳廓肌，据说狗狗拥有很多这样的肌肉。虽说如此，但狗狗的世界与人类社会一样，也会有长寿化、老龄化的问题。高龄犬的视力和听力一旦下降，无论遇到什么东西，它们就会先用鼻子闻一闻。

狐獴
迷人可爱的黑耳朵

基本信息

英文名	Meerkat
中文名	狐獴
分类	食肉目獴科
栖息地	非洲南部的开阔平原和干旱草原

对狐獴来说，猛禽类是它们的天敌。尽管狐獴平时看起来戒备心强、胆小，但它们也有攻击性很强的一面。有时候，面对体形硕大的蛇类，它们甚至会果断采取

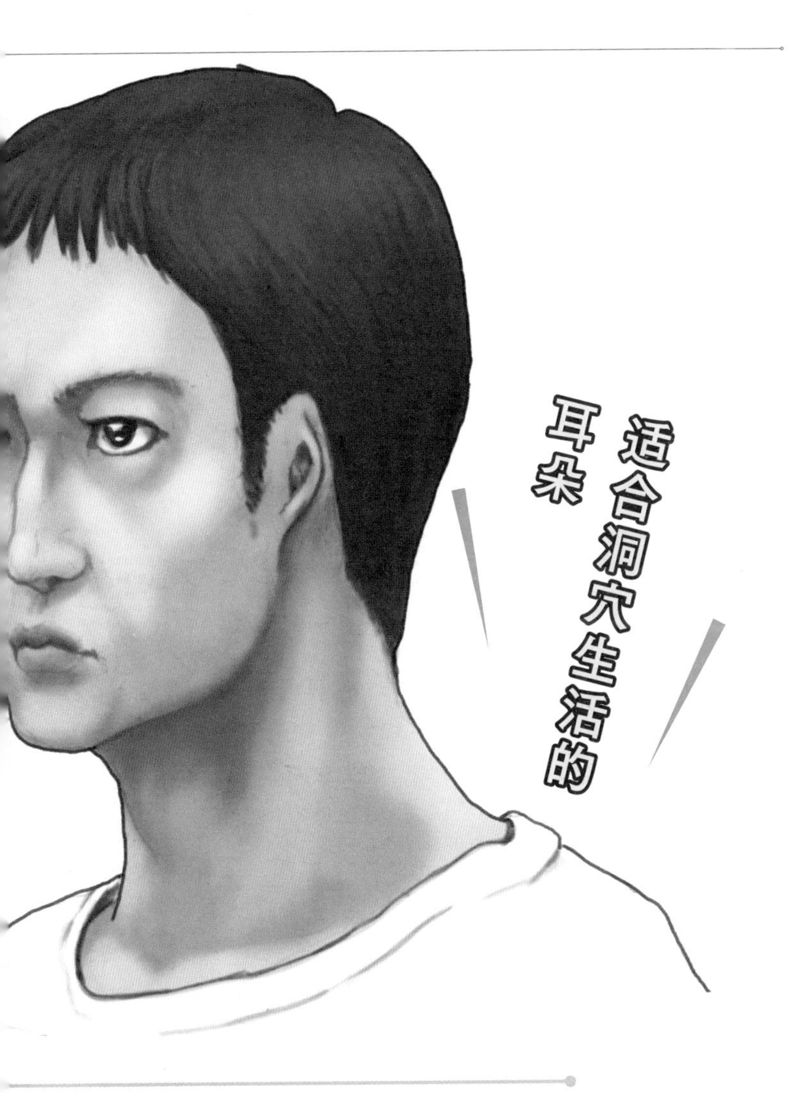

“群攻”的方法。我们在观察狐獴的时候，除了关注它们的自身能力以及生态外，还可以观察它们与同伴的相处之道、社会性、协调性以及它们在群居生活中的情况。（横滨动物园 ZOORASIA 饲养员）

几乎没有突出的耳廓最适合洞穴生活

要点

用眼睛和耳朵来确认敌人的靠近

当一群狐獴在洞穴外活动时，其中一只狐獴会担任哨兵的角色，耳朵和眼睛等感觉器官会帮助它们察觉有无敌人靠近。结为群体（集体行动）是它们保护自身的有效方式。

要点

适合地下迷宫的耳朵

狐獴通常都生活在洞穴中。它们的耳朵与其他哺乳动物不同，其特点是几乎没有突起的耳廓。普遍认为这样的耳朵有助于狐獴在纵横交错的洞穴中畅通无阻。

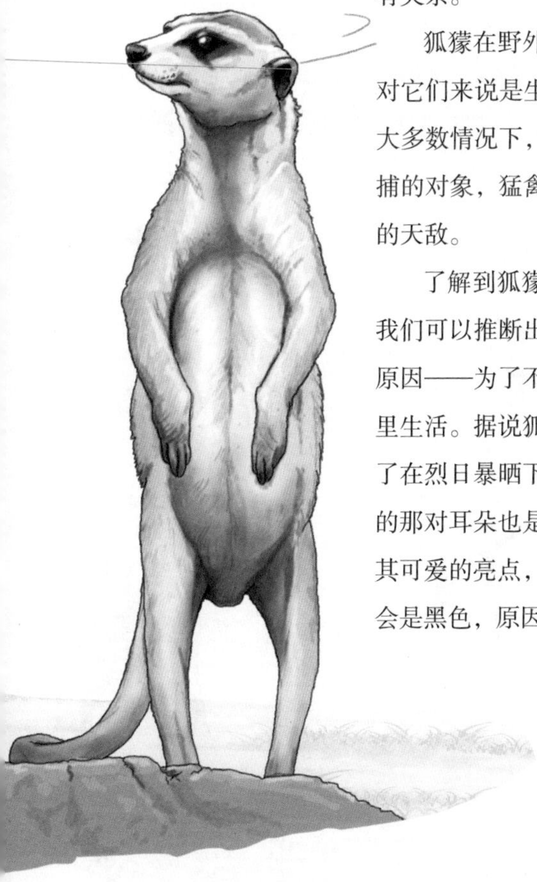

狐獴给人的印象就是它们站立时呈现的后脚直立的姿势，这种可爱的姿势与它们的栖息地——非洲的荒地和干燥草原大有关系。

狐獴在野外打洞生活，打洞对它们来说是生存必需的技能。大多数情况下，狐獴都属于被猎捕的对象，猛禽类动物就是它们的天敌。

了解到狐獴的这些习性后，我们可以推断出狐獴耳朵变小的原因——为了不妨碍它们在洞穴里生活。据说狐獴的黑眼圈是为了在烈日暴晒下保护眼睛。它们的那对耳朵也是全黑的，并成为其可爱的亮点，至于为什么颜色会是黑色，原因尚不清楚。

值得人类学习的狐獴式社交生活

狐獴群体特有的交流方式

在野外，10～30只狐獴会聚集在一起，过着洞居的生活。通常情况下，狐獴都处于被捕食的状态，因此它们总是小心翼翼地过日子。像老鹰和雕这样的猛禽类动物，是狐獴的天敌。

在一群狐獴中，肯定会有一只狐獴是负责放哨的，这个放哨的岗位采用的是轮班制。比如，狐獴在觅食等毫无防备的时候，一旦天敌“驾到”，那个负责放哨的狐獴就会通知伙伴们有危险，其余狐獴便会一溜烟地逃回洞穴。哪怕是再细微的声响，狐獴也会很敏锐地发现，听到声响后立马逃散、躲藏，这是它们的习性。即便是生活在安全的动物园里，狐獴对直升机的声音或者乌鸦的叫声等，还是会起本能反应。

虽然狐獴的警惕性很高，但它们也是好奇心旺盛的动物。一旦它们观察的结果是“没有危险”，就会立刻将戒备心切换成好奇心，整群狐獴都会围上前看个究竟。

此外，规则在狐獴的群居生活中是必不可少的。它们分工协作，是一种高度社会化的动物。在 ZOORASIA 里，生活着两组狐獴，每组各 9 只，我们可以观察它们是如何群居生活的。

这两个群居生活的大家庭都是由一对能够繁育后代的狐獴和它们的孩子共同组成的（也有例外）。负责生育的是狐獴妈妈，但群体中还有其他狐獴担任“保姆”，大家共同来照顾幼崽。“保姆”中的雌性狐獴甚至会代为哺乳，而雄性“保姆”则负责协助抚养与教育幼崽的工作。

一旦感知到任何危险，哨兵狐獴会发出警报声，全员逃离并隐藏起来。狐獴放哨时，不仅依靠眼睛，还依靠耳朵。

听力对它们来说，似乎也很有用。

面朝太阳，来一个耳朵和身体的日光浴

说起来，狐獴和我们喜爱的熊猫一样，都长着一对毛茸茸的黑色耳朵。这是为什么呢？有关猜测颇多：有人说这是它们区分彼此的标志，也有人说这是保护色……狐獴耳朵的毛色呈黑色的原因，还是一个未解的谜团。

据说狐獴会在太阳升起时从洞穴里出来，面朝太阳，温暖身体，然后才会开始一天的活动。它们的耳朵是黑色的可能是为了能够迅速地补充睡眠中消耗的热量吧。

当我们看到狐獴走出洞穴，相亲相爱、集体晒太阳的样子时，请大家务必留意一下它们可爱的耳朵哟。

进一步深入挖掘耳朵话题！

只有耳朵等末端是黑色的猫咪、狗狗和兔子

除狐獴、熊猫以外，唯独耳朵等末端是黑色的可爱动物。

喜马拉雅兔和巴哥犬也是只有耳朵等身体末端毛色呈黑色的动物。有人推测这是“因为身体末端的体温较低，为了更方便吸收阳光才变成黑色的”，但真相如何，尚不明确。另外还有暹罗猫和喜马拉雅猫等动物也是如此。暹罗猫的基因导致体温越低的部位毛色越深，它们中有些个体的耳朵和面部均呈黑色，有些则只有耳朵呈黑色。

猫式“狐獴站”

让铲屎官们疯狂抓拍的瞬间。
传说中“一招定胜负”的姿势。

一张猫咪仅用后脚站立的照片，也会成为社交网站上的热门话题。爱猫人士称这为“狐獴站姿”，狗狗似乎也会用尾巴支撑、屁股着地，做出像狐獴那样的站姿。与平时四足站立的姿势相比，小家伙们能从更高的位置看到更广的视野，感觉应该很新鲜吧？（请不要让宠物长时间保持这种非自然的姿势。）

长着一张抛物面天线脸的谷仓猫头鹰

基本**信息**

英文名	Western Barn Owl
中文名	**谷仓猫头鹰**
分类	鸮形目鸱鸮科
栖息地	遍布除南极大陆以外的所有大陆

有论文提出“在所有猛禽类当中，能通过听觉较为精确地锁定声源位置的是谷仓猫头鹰”的观点。然而，在实际饲养的

过程中，我们认为不仅是谷仓猫头鹰，所有鸟类的听觉能力都很出色。（横滨动物园 ZOORASIA 饲养员）

狩猎成功率名列前茅 全靠神奇的耳朵

你知道哪种猫头鹰长着一张可爱的心形脸吗？这种猫头鹰的名字叫作谷仓猫头鹰。谷仓猫头鹰能够悄无声息地进行低空飞行，很多人在看过它们的飞禽秀以后，都成了它们的粉丝。

除了出众的飞行能力以外，谷仓猫头鹰还拥有处于猛禽类顶级水平的听觉系统。

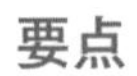

左右耳孔的高度不一样?

据说正是因为左右耳朵是不对称的，它们才能正确地感知到声源位置。然而，有亲眼见过谷仓猫头鹰的人提出，它们“左右耳朵的高度可能相差无几”。那它们左右耳朵的高度差应该是非常微小的。

它们的那张抛物面天线脸就说明了一切，况且它们还有左右高度略有差异的耳朵。猎物发出的声音首先会传入位置相对较低的耳朵，然后略微延迟地传到位置相对较高的另一只耳朵。大脑会根据这种差异，瞬间计算出并锁定猎物的方向和位置。

要点

耳孔在面部的占比很大

谷仓猫头鹰的脸部有密集的硬羽（排列成“面盘”），耳孔就在其两旁。耳孔有收集声波的功能，还能将收集到的声波信号毫无遗漏地传给听觉神经和大脑。

无声无息地飞翔，并锁定猎物 猫头鹰是天生的猎手

谷仓猫头鹰还是飞禽秀中的活跃分子

飞禽秀是横滨动物园 ZOORASIA 的一大特色[①]。登场嘉宾有鹦鹉、威风凛凛的老鹰和大雕，让人非常震撼。

虽然呈现在我们眼前的鸟类表演都十分出色，但最吸引人眼球的还是猫头鹰的精湛表演。

谷仓猫头鹰的面部羽毛是从中央朝外侧呈辐射状生长的，外部羽毛的顶端略微朝内弯曲。它们羽毛的这种长势形成了内陷的碗状，构成了它们的一张看起来既像碗，又像一个锥形内陷的抛物面天线的脸。

除猫头鹰以外，其他鸟类的耳朵只是两个简单的孔，分别位于头部的左右两侧。只有猫头鹰的耳部结构相当复杂。

猫头鹰的耳朵隐藏在覆盖于头部的羽毛之中，只不过下面的耳孔比较大。耳孔中有羽毛构成的半圆形耳盖。其周围还有坚硬的羽毛形成的凹面，这有利于将收集的声音

①有时会因为预防病毒感染而取消表演。

导入耳孔。

不仅如此，两侧耳孔的高低、大小以及位置都不一样，这便形成了一种左右不对称的结构。这样的构造可以有效地收集声波，并且准确捕捉到猎物发出的声音。这种能够精准感知到声源位置，并追随该方向而去的能力叫作“声源定位”。谷仓猫头鹰在这方面的能力堪称了得。

除了谷仓猫头鹰，猫头鹰家族中的其他一些成员也有左右不对称的耳朵。无论有还是没有不对称的耳朵，猫头鹰家族的成员基本都拥有非常出色的听觉能力。

眼睛大、爪子利，外加出类拔萃的听力

白天的大部分时间，都会被谷仓猫头鹰用来在树洞里睡觉，一到夜晚，它们便开始猎食。只不过，当家里有小猫头鹰的时候，它们白天也会出门捕猎。

即便是在人类看来漆黑一片的地方，猫头鹰也能通过老鼠等猎物行动时发出的声音找到它们。老鼠的逃跑速度也很快，一旦发现有捕猎者就会立刻逃跑。这时，谷仓猫头鹰便会迎头赶上，无论猎物逃向何方，都能通过猎物发出的声音找出它们的逃跑方向，并且还能不断更新定位。

猫头鹰的一对大眼睛长在头部正面。它们身在黑暗之中也有很好的视野，甚至能看到立体的物象。此外，它们的爪子像剃刀一样锋利，这种身体的细节也像是为捕猎而打造的。飞禽秀中负责谷仓猫头鹰和其他鸟类的饲养员说："它们翅膀表面的羽毛，质地柔软，飞起来没有声音。和其他猛禽类相比，猫头鹰家族的成员都有静音飞行的能力，我们在飞禽秀现场就能感受到这一点。"

进一步深入挖掘耳朵话题！

有“耳朵”的猫头鹰叫角鸮

猫头鹰当中，有一类长着像耳朵一样的“耳羽簇”的，叫作角鸮。它们的耳羽簇像猫耳朵一样，超级可爱。

在猫头鹰家族中，有一类猫头鹰的头上长有装饰性的羽毛，它们叫作角鸮。那只是看起来像耳朵的耳羽簇，事实上并没有听觉功能，而且角鸮的耳羽簇是没办法自由活动的，它们还是要通过位于头部左右两侧的耳孔来听取声音。有一种名为长耳鸮的猫头鹰，光凭听觉就能找到猎物。头顶上长有装饰羽毛的鸟类还有玄凤鹦鹉。

虎皮鹦鹉为什么很能说？

交流对鹦鹉等鸟类来说很重要。模仿人声的理由也让人信服。

虎皮鹦鹉成群生活在野外，所以彼此间的交流极为重要。和人类一起生活的鹦鹉也会拼命记住主人的话，甚至还会在不知不觉中，记住手机铃声。这可能是一种吸引同伴的行为。关于鸟类发声交流的研究活动十分活跃，在东北大学，为破译小鸟语言而进行的众筹研究，曾引起很多人的关注。

兔子的发箍
初冬时节只有耳朵是白色的

基本信息

英文名	Japanese Hare
中文名	日本兔
分类	兔形目兔科
栖息地	本州岛的日本海沿岸 以及日本东北地区

日本兔的大耳朵不仅能有效收集声音，还有其他各种用途。耳朵的毛色可以融入春天的草丛或冬天的雪景中，与背景融为一体；耳朵本身还能散热。当冬天毛色变白的时候，

或是炎热的夏天，都是观察兔耳的好时机。我们在观察兔耳时，可以清楚地看到上面布满了红色血管。（横滨动物园 ZOORASIA 饲养员）

夏天褐色、冬天白色
毛色随季节变化！

要点

冬季，除了耳朵尖全身雪白

冬天，它们全身的毛色都会变得雪白，在白茫茫的雪色之中是绝妙的保护色，但唯独耳朵尖上仍保留着仅有的一抹黑色。这些兔子的长相类似白色家兔，只不过它们的眼睛是黑色而不是红色的。

要点

夏天的毛色是浅褐色的

除冬季以外，日本兔全身的毛色都是浅褐色的，只有耳朵尖略带黑色。大家普遍认为这样的颜色有利于其隐藏在褐色的地面上。

宠物兔（饲养兔）每年都会有几次换毛期，其中季节性换毛的时间分别是夏季和冬季，但毛色变化不大。与此相对，一部分野兔在夏季与冬季换毛时，毛色会发生变化。

横滨动物园 ZOORASIA 里饲养着一种野生日本兔，每当季节性换毛后，它们的样子都会焕然一新。特别是从夏季换毛期过渡到冬季换毛期时，它们只有耳朵变成白色，于是“像戴了兔耳发箍”的话题引发热议。

在 ZOORASIA 里，这些日本兔的毛色大约会从 9 月中旬开始变白，先是耳朵和脚趾的毛色开始变化；10 月中旬，耳朵和脚的毛色几乎全都变成白色；12 月初，全身的毛色开始变白。

可听，可散热！耳朵的长度堪称动物界之最

拥有超群集音效果的大耳朵

兔子虽然生活在山野之中，但作为宠物也被人们所熟知。

兔形目大致分为鼠兔科和兔科。鼠兔科的特点是个头小，耳朵短。而包括野兔，以及家兔的祖先——穴兔在内的兔科，一般都长有一对长耳朵。

接下来，要讲解的是长着长耳朵的兔科，我们习惯称它们为“兔子”。

兔子和猫、狗一样，可以分别转动左右耳廓，那样就可以收集到来自四面八方的声音。那是因为兔子通常都是肉食类动物所觊觎的对象，为了自保，它们必须得迅速察觉到危险。据说是为了能够迅速感知到远处有捕猎者，它们的耳朵才变得那么长。为了逃离敌人，兔子逃跑的速度也是极快的。

就连饲养在动物园里的野兔，仍然会对周围环境保持警惕，哪怕是一丁点的声音，也会把耳朵转向声源方向。即便是在被饲养的情况下，它们也会转动耳朵，放眼四周，时刻保持警戒的状态。

用暴露在空气中的长耳朵来降低体温

兔子的长耳朵不仅能准确地捕捉到声音，还有降低体温的作用。当兔子为了逃离敌人高速奔跑时，它们的体温会急速上升。兔子无法通过排汗达到降低体温的效果，不过它们的耳朵上遍布着网状血管，血管经过风吹以后，里面的血液就会冷却，然后再通过血液循环来降低体温。

横滨动物园 ZOORASIA 的一位负责人说：“如果在炎热的夏季仔细观察兔子的耳朵，你就会发现它们的耳朵是红色的。你可以清楚地看到耳朵上布满血管。”

此外，像日本兔等野生兔子的耳朵都比宠物兔的耳朵大。它们不但会换毛，并且毛色也会随季节变化，变成与地面较为融合的保护色。它们只有耳朵尖一直都是黑色的。大家普遍认为，它们保持这样的特征是为了能相互辨认出对方是同类。

确实如此，如果一换季就变成全身褐色或全身白色，那它们可能就没办法认出同伴或家人了。

另外，同伴间的交流对群居生活的兔子来说十分重要，可是它们不会像猫和狗那样发出叫声。于是，耳朵的动作对彼此间的交流就显得尤为重要了。它们时而竖起耳朵，时而又垂下耳朵，请大家务必去动物园观察一下兔子和同伴交流时使用的肢体语言。

进一步深入挖掘耳朵话题!

兔耳朵教你“艾伦法则”

藏在兔耳朵里的“法则”。
先了解，后观察，了解动物会变得更有趣哟。

艾伦法则提出：对恒温动物来说，寒冷地区的物种相对温暖地区的物种，其身体的延伸部分（如耳朵等）较短较小。大家普遍认为这是为了减少延伸部分所造成的热量流失。我们可以对比一下长着短小的耳朵的北极兔和长着又大又长的耳朵的羚羊兔（分布在北美等地区）。只不过，温度不是唯一的影响因素，也会有动物是例外。

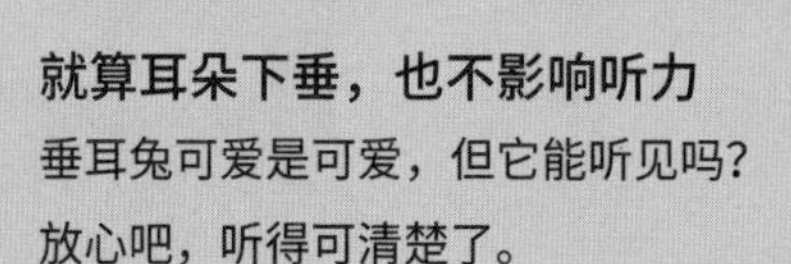

就算耳朵下垂，也不影响听力

垂耳兔可爱是可爱，但它能听见吗?
放心吧，听得可清楚了。

不同品种的宠物兔在体形、大小、毛色、体毛长短等方面都存在很大差异。立耳兔中有大家熟悉的荷兰侏儒兔；垂耳兔中有体格较为结实的荷兰垂耳兔，以及以体毛长而蓬松为特点的美种费斯垂耳兔等。尽管垂耳兔的耳孔被耳朵盖住了，但其听力却毫不逊色于立耳兔。

耳廓狐 用大耳朵降低体温

基本信息

英文名	Fennec
中文名	**耳廓狐**
分类	食肉目犬科
栖息地	从非洲摩洛哥至阿拉伯半岛的干旱地区

耳廓狐的五官都集中在那一张小脸的下半部分。可爱是可爱，但耳朵太大了，看起来有些比例失调。不过也正因如此，才越发惹人喜爱，极具人气。如果大家想

看耳廓狐的话，我建议去井之头自然文化园，这个文化园有过多次繁育耳廓狐的经验，而且都大获成功。（兽医 北泽医生）

大耳朵
不放过沙漠中任何猎物的声音

要点

弹性十足的外耳

外耳（耳廓）由软骨支撑，耳朵虽大却很结实，并且极富弹性。耳廓肌十分发达，可以让耳朵朝各个角度转动。

要点

耳朵里面的茸毛有冷却效果

外耳内侧长着细长的茸毛。大家普遍认为除了大耳朵可以降温以外，这些茸毛也能够帮助它们散热，起到降低身体温度的作用。

分布在北非等地区的耳廓狐是一种狐属动物。体长30～40厘米（不包括尾巴），明明是世界上最小的犬科动物，却有着一对像是从别的大型动物身上借来的大耳朵。

至于耳廓狐的耳朵为什么会那么大，你看一看它们的栖息环境就会明白了。

耳廓狐主要栖息在干燥地带。白天由于太阳直射普遍高温，可一到夜晚温度便骤降。因此，明明是沙漠动物，却长着一身厚而浓密的茸毛。

而那对大耳朵在白天的活动中就派上用场了。当它们体温上升时，大耳朵可以充当冷却器释放热量。除此之外，还可以作为声音收集器来捕捉沙漠中猎物们发出的声音。

耳朵占身体比例最大的哺乳动物之一！

大耳小身体！绝妙的身材比例

在动物园，第一次看到耳廓狐的人会把它们认作“兔子”。因为它们身体小、耳朵大，可能没多少人会认为“耳廓狐是狐狸家族的一员”。

一说到大耳朵的动物，大家就会想到大象。但如果比较一下耳朵在身体上的占比的话，恐怕耳廓狐会名列前茅。

耳廓狐哪怕在成年以后，体重也只有 1 千克左右，它们是世界上最小的狐狸。大大的耳朵十分醒目，齐肩的高度与耳朵长度几乎相同，是耳朵占身体比例最大的哺乳动物之一。

大耳朵外加“巴掌”脸，一双圆圆的大眼睛又处于脸的下半部分……如此一来，无论尺寸大小还是比例布局，耳廓狐的颜值都堪称一绝。

动漫世界里有一条设计法则：如果把身体末端部位（例如手和脚）的线条画得圆润、饱满一些，角色就会看起来比较可爱。而耳廓狐的长相恰好符合了这一法则。

靠皮毛和耳朵在寒冷的沙漠中续命

耳廓狐的耳朵有的不只是可爱。动物们的耳朵变成什么形状都有一定的道理。就说耳廓狐吧，它们的耳朵就是为了适应沙漠环境，才进化成现在这个样子的。

耳廓狐的耳朵上布满了毛细血管，耳朵越大，接触空气的面积也越大，可以防止体温上升。耳廓狐与人类不同，它们无法通过排汗来降低体温，所以只能通过耳朵将血液冷却后完成体内循环，来达到降低体温的效果。

此外，耳廓狐不仅耳朵大，用于耳朵转动的肌肉也特别发达。它们可以改变角度，将耳朵转向特定方向，全方位收集到声音。哪怕是轻微的移动，耳廓狐也能通过猎物（如昆虫等）发出的声音找出它们所在的位置。接下来，耳廓狐只要在那里挖洞，捕获猎物就行了。

耳廓狐通过栖居巢穴来躲避白天的酷热和夜晚的寒冷。每到黄昏时刻，它们才开始活跃起来，无论是把握周围环境，迅速察觉天敌，还是寻找食物，它们的大耳朵都比眼睛更得力。

尽管沙漠环境相当恶劣，但耳廓狐的体毛（包括耳朵上的体毛在内）很接近沙子的颜色，这能够起到保护的作用。另外，耳廓狐脚底长有浓密的茸毛，很适合在沙漠中稳步前行。

进一步深入挖掘耳朵话题！

越是寒冷地带的动物耳朵越小

沙漠的狐狸耳朵大，北极的狐狸耳朵小，中间地带的狐狸耳朵大小适中。

请注意它们耳朵的大小。

为了不让体温下降，处于寒冷地带的恒温动物必须防止身体中的热量从体表流失。如果身体末端（如耳朵和脚等）比较短小的话，热量就不容易流失。日本狐狸的耳朵比沙漠中的耳廓狐要小，而苔原地带的北极狐，它们的耳朵更小。这就是“艾伦法则”（见第 53 页）。大家如果能带着这条法则来观察动物，也许就会有新的发现。

黑色亮点是用作区分的标记

狐狸经常出现在古代故事和民间传说里。

留意耳朵，也许会有新发现哟。

日本的狐狸被认为是分布在北半球的赤狐日本亚种。本州至九州一带的本土狐和北海道的北狐，两者都是三角大耳，耳尖背面为黑色。有人说，因为它们的血液循环不良，身体容易受寒，而黑色耳朵容易吸收到太阳光，能让身体变暖。另外，即使外貌因为换毛而发生改变，没准它们也能通过耳朵的颜色来辨认彼此。

蝙蝠用嘴发出超声波，用耳朵来接收

我在动物园工作的那段时期，曾受托保护过各种动物。无论哪个品种的蝙蝠，都长着一张哺乳动物特有的可爱脸蛋。有些蝙蝠长着猫耳、兔耳般的大耳朵，虽然

基本信息

英文名 Japanese Pipistrelle

中文名
蝙蝠
（普通伏翼、日本伏翼、东亚家蝠）

分类
翼手目蝙蝠科

栖息地
日本、朝鲜半岛、中国等

既可爱又听得清楚，但平时应该也会碍事吧。况且，这还会成为它们飞行时的阻碍。大家在观察动物的时候，也可以试着从这个角度出发哟。（兽医 北泽医生）

厉害了！

蝙蝠的回声定位

要点

种类繁多的耳朵

蝙蝠的耳朵具有丰富的多样性，有些蝙蝠的耳廓上有褶皱，有些蝙蝠的耳廓可以转动，还有一些蝙蝠的耳廓上长有肉质突起，等等。蝙蝠演变出如此多样的耳朵，是它们为了收集声音与接收不同的回声的结果。

要点

用耳朵“看”世界

蝙蝠用回声定位的方式，在自己发出超声波后，用耳朵捕捉回声，以此了解对象物的情况。据说它们不仅能知道对象物的大小，甚至还能识别出对象物的物质构成。

你听过蝙蝠的叫声吗？蝙蝠是唯一会飞的哺乳动物，但它们身体的基本构造和人类差不多，大多数蝙蝠都是通过喉部来发声的。

蝙蝠家族中的有些种类能发出人耳听不到的声波（超声波）。我们把它们发出超声波，并通过回声来感知周围环境的方式称为回声定位（echolocation）。蝙蝠用耳朵接收自己发出的超声波的回声，根据反射回来的声音，推断昆虫所在的位置并将它们捕获。此外，这种能力也有助于蝙蝠在黑夜或暗黑的洞穴中飞行中不撞到同伴。

凭借卓越听力自由飞翔的超级哺乳类

遍布世界各地的飞行哺乳动物

蝙蝠与在地面行走的动物不同，它们可以在空中飞行。

因为蝙蝠有飞行能力，所以能与它们争夺食物的对手就会变少，而且这种自由移动的能力还扩大了它们的分布范围。虽然蝙蝠的存在很低调，不怎么起眼，但却是地球上发展最繁盛的动物之一，甚至还不断地有新种类出现。

另外，能够在洞穴或黑夜等微光环境中行动，也是蝙蝠的一大特点。那是因为它们有回声定位的能力。它们在漆黑的洞穴中来回飞行也不会与众多同伴“撞车”，天黑后照样能知道猎物的藏身之所，蝙蝠的这些能力实在厉害。倘若在大小适中的暗室内布下钓鱼线或其他细线，它们甚至可以巧妙地避开而不碰到。

日本伏翼是一种日本街头最常见的蝙蝠，我们来看一看它们的生态环境。

日本伏翼通常寄居于平常人家的屋檐缝隙，也被称作东亚家蝠。它们白天在窝里憩息，一到夜晚便活跃起来，飞来飞去找寻昆虫为食。

通过发出和接收超声波来感知物体大小

蝙蝠种类繁多，不同种类的叫声以及音量大小也有差别。日本伏翼能够发出高达120分贝的音量，虽然人类无法感知它们的叫声频率，但其音量可与新干线的行驶噪声，或列车行驶在高架轨道上发出的噪声相匹敌。

尽管蝙蝠发出的叫声非常大，但回声却极其微弱。为了能准确地捕捉到回声，它们的听觉势必就非常发达。不同种类的蝙蝠，它们耳朵的大小及形状各有差异，但总体而言，

相较于其他哺乳动物，蝙蝠的耳珠（突出于外耳道、状似小球的部分）更为发达。日本伏翼长着一张可爱的脸蛋，耳廓形状则像一个三角形。

综上所述，蝙蝠可以发出高分贝的声音，还拥有一对高性能的耳朵。那么它们的大嗓门会不会阻碍自己听想听到的声音？或者说，超高分贝的音量会不会反过来伤到它们的耳朵呢？

关于这些问题已经得到了证实，“一些种类的蝙蝠，只有在自己发出超声波的时候，耳朵里的某个开关才会自动关闭（类似这样的功能）”。这意味着只有当它们自己发声时，才会暂时产生“失聪”的现象。

虽然蝙蝠体内拥有如此独特的发声系统，但人类还是可以通过蝙蝠探测器（bat detector）来听到它们发出的声音。蝙蝠探测器可以检测出蝙蝠发出的超声波，通过使用探测器，我们可以得知一些类似“蝙蝠刚饱餐了一顿”的信息。

进一步深入挖掘耳朵话题！

昆虫的进化也不输蝙蝠

总不能坐以待毙吧。

听到超声波就赶紧逃命！

昆虫作为蝙蝠的食物，其中一些成员（例如飞蛾等）也拥有类似蝙蝠耳朵那样的器官，可以感知超声波。它们的这种能力原本是用于同类间的交流，不过也能帮助它们听到蝙蝠的声音。人们认为，它们通过良好的听力，采取躲避措施，可以逃过蝙蝠的追捕。就连昆虫也在与命运抗衡呢。

像兔子一样的长耳朵

蝙蝠也有各式各样的耳朵。

在图鉴中或动物园里对比一下它们的耳朵吧。

蝙蝠耳朵的形状及大小各不相同，这充分体现出它们生活方式的差异。这是普通长耳蝠（日本长耳蝙蝠），顾名思义，它们长着一对像兔子那样的又大又长的耳朵。比脑袋还长的耳朵在它们听取超声波的时候能派上用场。另外，长耳蝠在睡觉的时候，还能把长耳朵折起来，真正的兔子可没有这种本事。

金钟儿的听觉
长在腿上的耳朵！

基本信息

英文名	Bell Cricket
中文名	**金钟儿**
分类	直翅目蟋蟀科
栖息地	日本等

我曾经养过蟋蟀，并用它们来喂养变色龙。我们知道蟋蟀的腿上长有鼓膜，可以听到声音。但它们可没有听懂人类语言的能力。如果蟋蟀能从人类的对话中听出

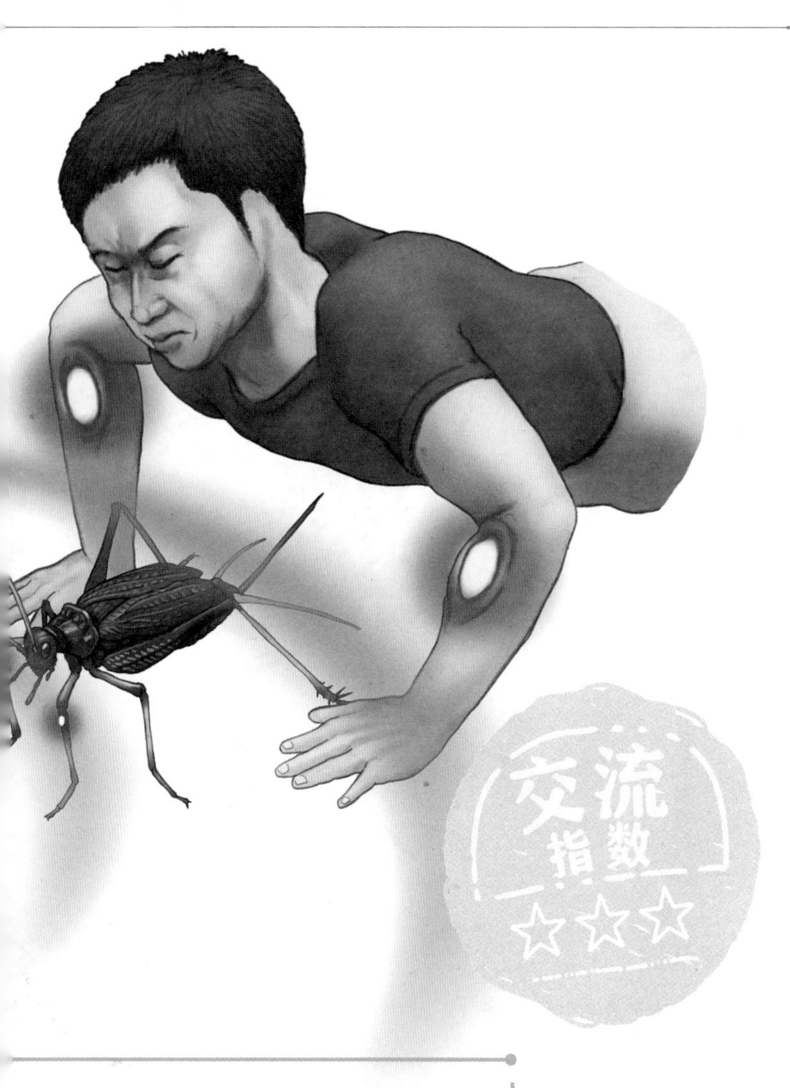

“我将要被当成诱饵了吧”，意识到即将来临的危险而逃跑的话，那就很有意思了。（兽医 北泽医生）

走路、跳跃、听音
全能昆虫腿

要点

为生存而进化的听觉功能

为了找寻配偶或迅速逃离敌人，昆虫对声音和振动极其敏感。

地球上的昆虫数也数不清。由于昆虫的数量太多，它们实际上的种类、数量，以及它们各自的生态等，人类尚未全部清楚。

昆虫有着自己的生活方式，它们都能适应各自的生存环境，昆虫的“腿”的功能非常独特，可以用来走路、跳跃、游泳等等，它们的腿还演变出与其功能相匹配的各种形状。

此外，昆虫的腿还有一个不为一般人所知的功能，那就是“用腿来听声音”。没错，昆虫和其他许多生物一样，也有能够听到声音的听觉器，也就是它们的“耳朵”。

只不过，螽斯亚目昆虫的听觉器不是像人类一样长在头部，而是长在前足胫节内侧（有些种类的听觉器所在位置略有不同）。

要点

暴露在外的鼓膜

蟋蟀和人类一样，也有类似的能听到声音的器官。话是这么说，但其却是一个暴露在外面的鼓膜，这样的构造似乎没有分辨声音等比较复杂的功能。

会鸣叫的昆虫也能清晰地听到声音

昆虫之间的互动方式

人类可以通过声带的振动发出各种声音。昆虫则是通过各种特殊的发声模式进行求偶或其他交流。例如蜜蜂用拍打翅膀来发声，甲虫通过使用摩擦器发出摩擦声的方式进行交流。

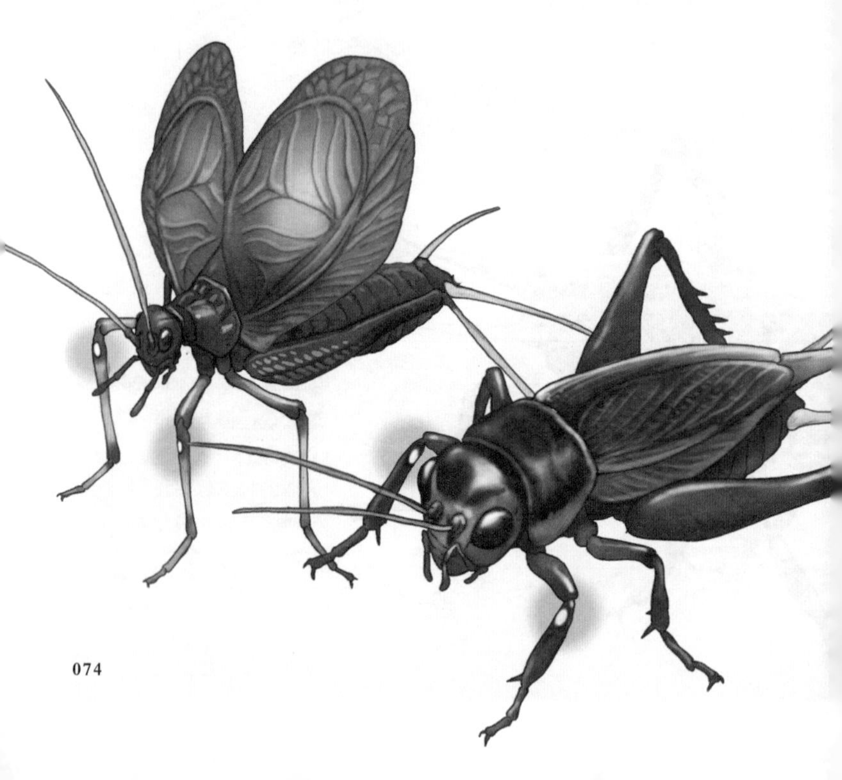

大家知道有些昆虫用翅膀作为发声器官来发声。“以虫鸣秋”中的虫指的就是大家熟悉的金钟儿和蟋蟀。在它们的翅膀上，长有锉刀状的摩擦器（翅膜），它们通过使用摩擦器来发出声音。它们中能发出声音的大多数都是雄虫。

昆虫发出鸣叫声是为了让同伴听到，那么它们又是如何听到的呢？

据说大多数昆虫都没有听音能力，除了会鸣叫的昆虫。

例如，金钟儿的腿上长有鼓膜，发挥着“耳朵”的作用。蟋蟀与金钟儿同属螽斯亚目，身上也有类似的构造。

如果你仔细观察蟋蟀的腿，就会发现上面的小坑。这种小坑发挥着鼓膜的作用——听音。

对了，蝉也是众所周知的会鸣叫的昆虫。在雄蝉后胸腹板的位置，有一个被称为“腹瓣”的发声器，腹瓣底下有一层透明的鼓膜。

关于蝉的听觉问题，著名昆虫学家法布尔曾在蝉的附近发射大炮，来测试它们的听力，并且得出“因为蝉没有反应，所以它们可能听不见声音”的实验结论。不过之后发现正确答案是“虽然蝉听不到大炮声，却能听到同伴的鸣声”。

另外，不同地域的法师蝉也有不一样的鸣叫声，就如同人类的方言存在差异。如果来了一位“外乡蝉”，搞不好“本地蝉”会觉得“咦？这位老兄有口音啊”。

昆虫用腿感知气味和性外激素的味道

除了听觉器官以外，更有意思的是昆虫还拥有独特的感觉器官。在昆虫头部的正面或侧面，有两根像天线一样的触角。根据物种的不同，这些触角能感知的气味以及性外激素的味道也不同。

此外，在这些昆虫触角的第二节处，有一个叫作“江氏器”（Johnston's Organ）的听觉器官。“江氏器”上面布满了细密的感觉毛，令这些昆虫可以感受到空气的流动和拍打翅膀时发出的振动。蚊子、苍蝇、蜜蜂等昆虫（特别是雄虫）的这一器官比较发达，有些甚至能感知到同类雌虫的翅膀声。

进一步深入挖掘耳朵话题！

昆虫的象征性标志——触角的重要性

小昆虫如何在恶劣环境下生存？

昆虫的感觉器官对它们非常重要，可以用来察觉危险、寻找食物、寻觅异性并获得繁衍后代的机会等等。特别是触角，作为昆虫的象征，它是一个集大成的重要器官。如果用人类来打比方的话，触角就汇集了手、舌、耳、鼻等器官的所有功能。有些物种的触角甚至还可以感知温度与湿度。

发出声音与散发性外激素都是交流的手段

让我们去了解一下昆虫丰富多彩的“社交”世界。

金钟儿和蟋蟀的发声方式是比较斯文的，另外还有一些昆虫，它们会用摇晃树枝或撞击泥土等蛮力操作来发出声响。摩擦、撞击、振动等都是昆虫用来发出声音的方法，主要目的就是吸引雌虫。除了发出声音以外，一些物种还会通过释放性外激素进行交流。昆虫的“社交”手段极其丰富，就差用上人类那样的语言了。

企鹅的耳孔会在水中闭合

阳光水族馆里居住着一只来自南非共和国的南非企鹅。

据说大部分企鹅一旦选定伴侣，就会一生相随，配偶之间的忠诚度相当高。我

基本信息

英文名	King Penguin
中文名	**王企鹅** （国王企鹅）
分类	企鹅目企鹅科
栖息地	南极洲及附近岛屿等

们特别为广大企鹅迷拍摄了企鹅耳朵的特写照片，请一定要去看本书第 132 页的内容哟！（阳光水族馆 饲养员）

鸟类没有耳朵只有耳孔
企鹅的耳孔在水中可以完全防水！

要点

眼睛后面的耳孔

企鹅的“耳朵”隐藏在眼睛后面略低的位置，从外面完全看不到。这种“耳朵”只有耳孔的构造十分便利，当企鹅在水中游泳时，羽毛能将耳孔紧紧盖住。

基本信息

英文名	African Penguin
中文名	**南非企鹅**
分类	企鹅目企鹅科
栖息地	非洲大陆南部沿海

要点

恩爱和睦的企鹅夫妇

大多数企鹅都是一夫一妻制。除了观察它们相互间的联络叫声（类似呼叫），我们还可以观察它们互相梳理羽毛等和睦相处的样子。

企鹅是一种身体圆润，腿部较短的鸟类。

它们摇晃着肥硕的身体，在陆地上蹒跚前行的样子十分可爱，但它们进入水里后便能显示出超强的能力。流线型的身体长有短羽，光滑的体表减少了摩擦力。强而有力的短翼以及发达的胸肌为划水提供动力，这使得企鹅在水中能如同鸟儿在空中飞行那般游刃有余地游泳。

企鹅的“耳朵”和其他鸟类一样，也只有耳孔。它们的视觉和听觉似乎也和其他鸟类一样出类拔萃。

企鹅耳朵里的构造特殊，使它们能够水陆两栖。在陆地上时，它们的耳孔被羽毛紧紧覆盖住，一旦到了水中，由于羽毛受到水的压力，它们的耳孔就像被牢牢关闭了一样。

企鹅的身体与耳朵 大自然的鬼斧神工

水族馆工作人员也很难找到的企鹅“耳朵”

全世界一共有 18 种企鹅，每一种企鹅的喙的长度、颜色以及眼睛周围的纹路都不相同，但它们的耳朵基本上都藏在羽毛底下，无法被看见。而这恰好是“‘天选’之设计”。企鹅只有耳孔没有耳廓，它们的羽毛的生长方向又不与水流方向相逆,这使得羽毛能够更紧贴它们的耳孔,水完全进不去。

居住在阳光水族馆的南非企鹅，身长约 60 厘米，在企鹅界属于中等体形。它们在水中游得很快，一旦上了陆地，动作就略显笨拙。尽管饲养员们可以近距离观察企鹅，但我们要是问起“那它们的耳朵长什么样”，饲养员的回答却是“无论怎么瞧也看不到耳孔”。

据负责饲养企鹅的工作人员说，“南非企鹅也只有耳洞，平时都被羽毛覆盖，不过体检的时候可以找找看。那真是一种天然的防水构造，太惊人了。它们的耳洞埋在羽毛底下，非常难找。”

企鹅的声音交流法

企鹅具有丰富的表现力，即便是在被观察的情况下，依然会发出各种鸣叫声。

我们在水族馆或动物园观察企鹅时会发现，配偶或亲子等成对企鹅间的鸣叫声非常活跃，特别是配偶间的联络叫声（也是同种族成员之间相互使用的重要鸣叫声）。我们还可以观察一下它们彼此间是如何回应的。

生活在同一个水族馆的多对企鹅，有时候会同时发出联络鸣叫。对我们来说，这种鸣叫声听起来是非常吵闹的，更别说还要分清楚谁是谁。但对企鹅伴侣来说，似乎能很好地识别到另一半的声音。

万万没想到，企鹅相貌可爱，但叫声却那么狂野，南非企鹅也被称作“嗓门像公驴的企鹅”。

阳光水族馆里也有很多对企鹅伴侣，曾多次成功地产卵、繁育。

企鹅伴侣间经常会发起“爱情大呼叫”，因此饲养员推测，“在一对企鹅当中，即便一只离开巢箱去到较远处的水池，它也能辨别出自己伴侣的呼叫声。”

企鹅的特点就是长情，它们一旦配对结合便会长久维系。雄性企鹅发出的求爱呼叫，雌性企鹅又是如何回应……如果我们把注意力集中在“声音”上面，就会发现一些企鹅不寻常的魅力。

进一步深入挖掘耳朵话题！

换毛季没准能看到耳孔

“死忠粉”持续关注企鹅换毛期。
一改往常，毛茸茸的样子也是超级“蠢萌”。

我们作为企鹅迷，无论如何都想看一次企鹅的耳孔！企鹅为了适应水中的生活，耳朵进化成了几乎看不见的耳孔，就连饲养员也很难找到它们的耳孔。不过，一到换毛期，观察耳孔的机会就来了。长崎企鹅水族馆拍摄了南非企鹅在换毛期间的耳孔照片。南非企鹅从春天到夏天会迎来一次换毛期。企鹅浑身毛茸茸的样子，是这个季节中的一道风景线。

比父母还大的企鹅宝宝

大型王企鹅的“巨婴”宝宝。
茸毛底下或许能看到耳孔。

大型王企鹅（体长约 90 厘米，南非企鹅体长约 60 厘米）的宝宝也十分大。它们从父母那里获得充足的食物，不断长大，有时候它们的体形看起来还会超过父母。在长出成年企鹅那般的硬羽之前，企鹅宝宝的身上还都是茸毛，这样似乎比较容易观察到它们的耳孔。大阪海游馆的官方博客上，有介绍企鹅宝宝耳朵的内容。如果以后再有企鹅宝宝出生，你要不要去瞧一瞧呢？

薮猫

耳力太好也麻烦

我是薮猫。

一种四肢修长，脑袋偏小，行动利落的猫科动物。

按身体比例来算的话，我们的天线耳在猫科动物中算是最大的。

如果换作你们人类的话，那就如同头上顶着两个餐盘一样大的巨型耳朵。

我们的主食是老鼠等小型哺乳动物。凭借大长腿，我们可以从高处急速俯冲，再用自身重量压制住它们。天上飞的鸟也是我们的目标，我们来一个 3 米左右的大跳跃就能将它们一举捕获。

没错，拜动物百科书大卖所赐，我们“在大风天打不到猎”成了尽人皆知的秘密。不过从某种程度上来说，也确有其事。由于我们的耳朵超级敏感又大到离谱，躲在地里的鼠辈们，哪怕是发出再细微的声音也别想瞒过我们。但是，因为我们的听力实在太好了，所以大风天里的风声吵死了，害得我们听不清猎物的声音啦。

霍加狓

伊兰羚羊

在 ZOORASIA 可以看到的可爱耳朵大集合！

下次出门要不要去动物园观察一下动物们的耳朵？在横滨动物园 ZOORASIA 里，居住着很多迷人的动物，其中还包括一些稀有物种哟。[1]

格兰特斑马

树袋鼠

非洲野犬

观察猫科动物的“耳后斑”（见第 14 页）

苏门答腊虎

远东豹

云豹

猎豹

对马山猫

①可能会有因动物身体欠佳等状态而无法展示的情况发生。

第2章

海·河篇

真的假的?!
在水里也能
大显身手的耳朵

海豚耳朵的秘密
声音来自“甜瓜”？

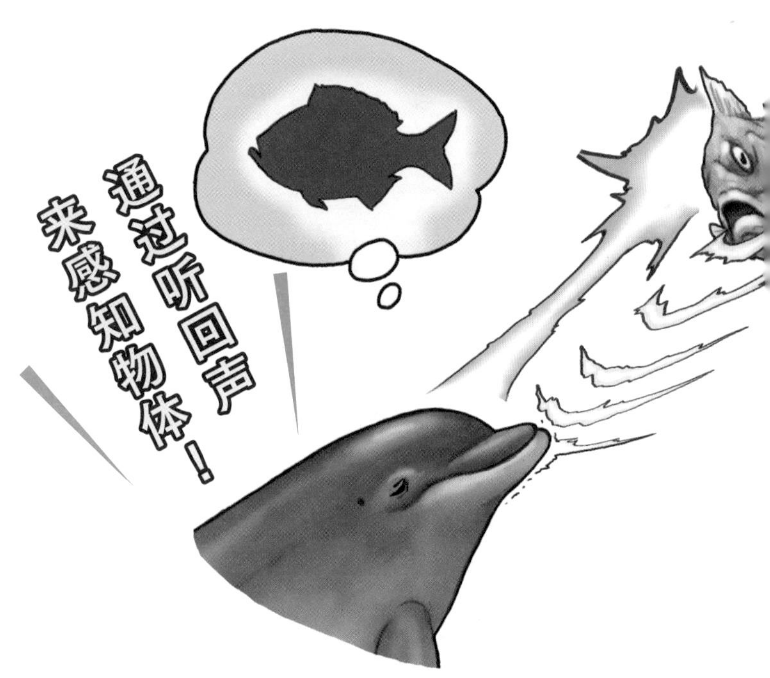

大家在观看海豚表演或海豚训练的时候，请注意观察饲养员与海豚之间的默契交流。在任何情况下，海豚都能知道饲养员所在的位置，以及哨声来自哪个方位。

英文名 Bottlenose Dolphin

中文名

海豚

（宽吻海豚、瓶鼻海豚）

分类

鲸目海豚科

栖息地

北极、南极以外的
大部分海域

它们能够清楚地分辨出“刚才的哨声是在叫我”，随后必定会回到饲养员的身边。虽然它们偶尔也会出错，但精确度还是相当高的。（品川水族馆 饲养员）

连耳朵也是为了适应水中生活
在黑暗的海洋世界里全靠回声

尽管海豚生活在水里，但它们和人类一样是哺乳动物。大多数哺乳动物都有外耳（通俗意义上的“耳朵”和耳孔），但海豚只有形如针孔一般的耳孔。几乎闭塞的耳孔没有听音的功能。

当问及海豚的听力时，饲养员是这样回答的：“它们在水中有很高的辨音能力，一旦离开水面，听力就明显下降了。”

此外，海豚生活的水域光线欠佳，如果它们潜到更深处，光线几乎无法到达那里。人们认为海豚无法依靠视觉信息来采取行动，它们甚至连声带也没有，因而才获得这一种独特的“回声定位”的本领。

要点

不可思议的回声定位

海豚利用回声来判断对象物的信息（回声定位）。它们通过振动鼻腔内的褶皱组织来产生超声波（褶皱组织在水中振动产生超声波，被称为“甜瓜”的脂肪组织会将这些声波汇聚并发送到水中）。大家仔细观察的话，就可以发现“甜瓜”是会动的哟。

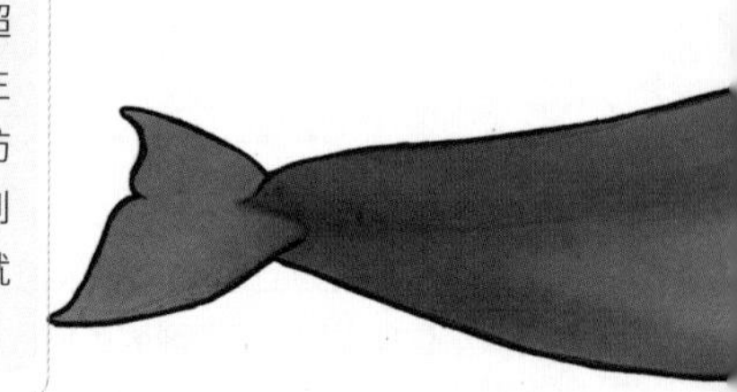

要点

听音识物

为了适应环境，动物的感官得到了进一步的演化。海豚为了适应水中生活，它们即便不使用眼睛，也能通过听音来获得对象物的信息。科学家们认为海豚处理听觉信息的大脑区域占比很大。

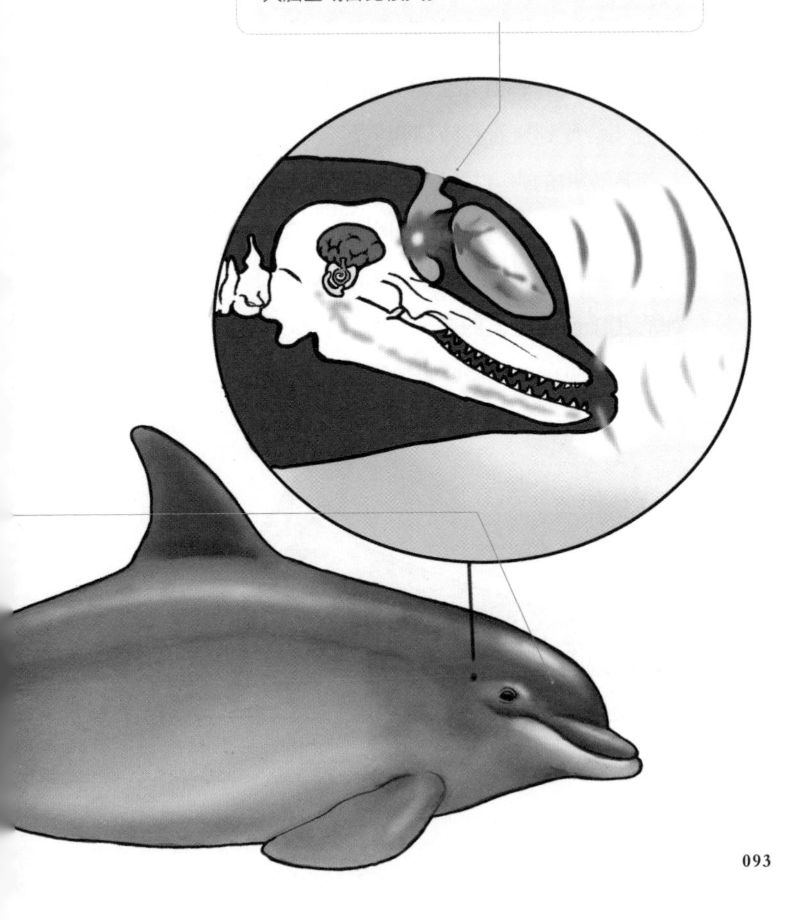

负责人独家爆料 海豚的聪明之处和独特的交流方式

为什么海豚能生活在黑暗的海洋世界?

海豚通过声音畅游在黑暗、混沌的大海中寻觅及捕获食物，而且不会撞到岩石等障碍物上。

当海豚发出的声音撞击到前方物体时，会反射回来。它们可以通过反射的回声，找到“肉眼”发现不了的鱼的位置，还可以在岩石等障碍物之间畅通无阻地穿行。

海豚用于回声定位的声音被称作“咔嗒声”（clicks），听起来像低分贝的“咔嗒咔嗒”声或“吱吱”声。

海豚用来和同伴交流的声音叫作“哨声”（whistles），听起来像高分贝的“咻咻咻”或“哔哔哔”的声音。海豚赋予这两种声音很多种旋律。正是因为分别使用了这些叫声，海豚才会做到交友和觅食两不耽误，还不用担心自己会一头撞上障碍物。

大家有没有听过海豚的叫声呢？品川水族馆负责饲养海豚的工作人员这样告诉我们：

“当你把耳朵贴到水槽的玻璃上时，就会听到‘哔哔哔’‘咔嗒咔嗒’或‘吱吱’等一些声音。为什么我们不仅能听到海豚露出水面时所发出的叫声，还能听到它们在水中发出的叫声呢？原因在于海豚是通过鼻孔发出声音的，就算它们在露出水面时开口鸣叫，声音也依然来自鼻孔。”

海豚的“哨声交流”

超声波是人类听觉范围以外的声音之一，但那只是人类听不到而已。海豚之间进行交流时会使用各种声音，其中就包括超声波。

有趣的是，海豚似乎从小就学会了使用“哨声”，并且终身几乎没有任何变化地使用。只不过每一头海豚的叫声都是独一无二的，这种声音被称为“署名式口哨”（signature whistle），它们似乎是用这种声音来完成彼此间的呼唤与回应。

海豚训练师用哨音（训练师用哨子训练海豚）向海豚们发出诸如“刚才的动作很好！很棒！”等内容。在同一水族馆工作的训练师们，为了让海豚及时感知到哨音内容，都会使用相同的吹哨方法，连哨声高低也都保持一致，而且除了哨声以外没有任何动作（手势）。截至 2022 年 4 月，共有 5 头海豚同时在品川水族馆接受训练，它们似乎都能辨别出各自训练师的哨音。

进一步深入挖掘耳朵话题！

海豚的听小骨——海洋护身符

但愿能拥有海豚的平衡感。
用海豚听小骨做护身符如何？

海豚通过下颌骨接收音波，传至内耳后，再经听觉神经将声波信息传达给大脑。它们的耳朵里面有一块圆圆的骨头，叫作“布袋石”，据说从江户时代起就被视为吉祥物。因为人们曾在海滩上发现过类似的化石，而它又是与平衡感有关的器官，因此就被当作“漂走也能平安回来”的护身符而大受欢迎。有一些机构甚至在网上出售这些“护身符”。

白海豚圆脑门的秘密

充满谜团的“甜瓜”，正如它的名字一样。
里面充满了浅黄色的脂肪。

海豚通过脑袋里一个被称为“甜瓜”（瓜状体）的器官来完成回声定位。“甜瓜”集中在海豚的圆脑门（额隆）处，里面的成分是透镜状的浅黄色脂肪。它们自己发出的声音聚集在这里，并通过“甜瓜”发送到周围水域，反射回来的声波又被下颚吸收，然后通过耳朵（耳骨）来感知。海豚甚至能通过反射波识别出对象物的大小，如同“亲眼所见”一样。白海豚突出的圆脑门就是“甜瓜”所在的位置。

水獭露出水面的眼鼻耳呈一条直线

2021年，父亲Raja（拉贾）、母亲Mahalo（马哈罗）喜得幼崽，幼崽三姐妹茁壮成长，它们的名字分别是Temari（手鞠）、Himari（日葵）和Airi（艾莉）。育儿中的Raja也会给幼崽盖

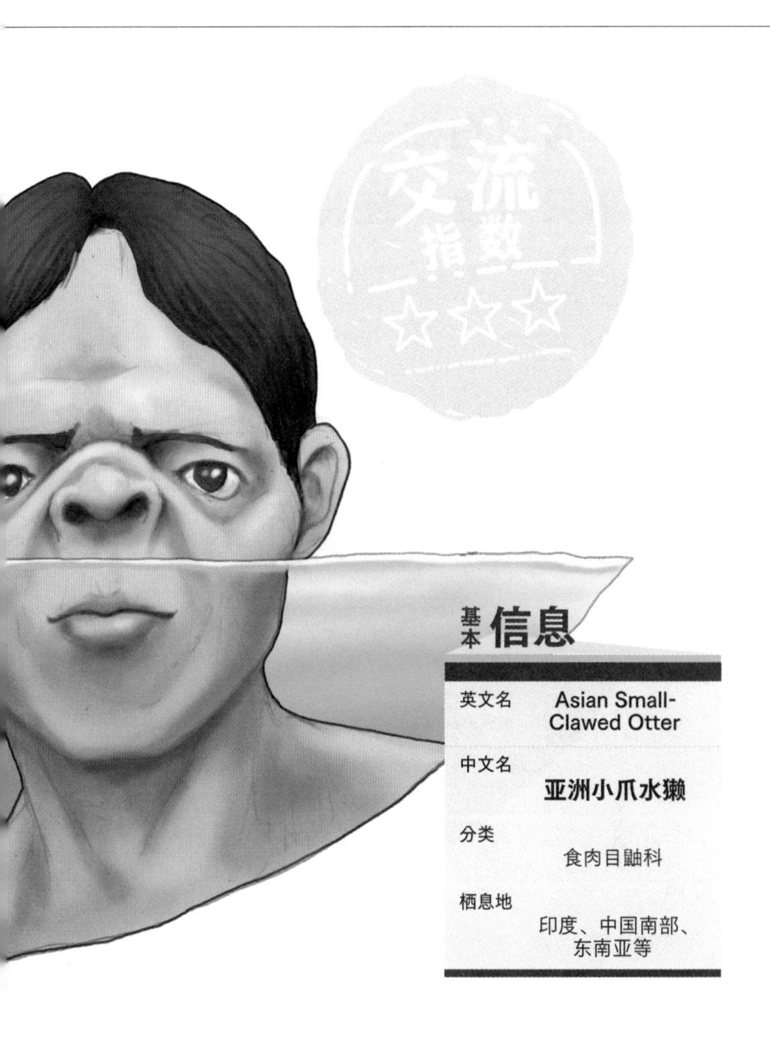

上毛毯，或用毛毯裹住幼崽，一副奶爸模样。它们彼此间是如何交流的呢？大家如果去水族馆参观，一定要仔细观察，可千万别错过哟！（阳光水族馆 饲养员）

在水中可以自动关闭的鼻孔和耳道

耳朵不只可爱，还特别好使

要点

它们还能辨别人声

我们可以观察水獭如何聆听同伴的叫声，遇到危险如何进入警戒的状态，以及如何邀约同伴嬉戏玩耍的样子。水獭不仅能分辨同伴们的叫声，貌似还能辨别饲养员的声音。

要点

水獭浮出水面时眼鼻口呈一直线

水獭的身体构造不仅适合陆地的生活，也同样适合水中的生活。当它们潜在水里，头微微露出水面的时候，它们的眼睛、鼻子、嘴巴处在同一直线上。这副长相有助于它们迅速摸清周围环境的情况。

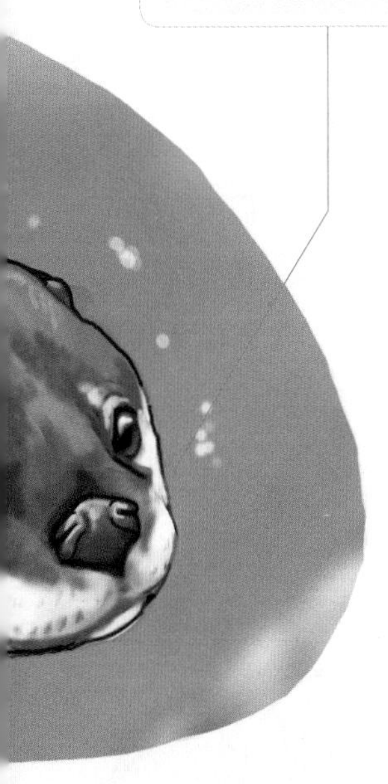

在日本的动物园和水族馆里，一共可以看到4个品种的水獭，它们分别是亚洲小爪水獭、非洲小爪水獭、欧亚水獭和加拿大水獭（如包括海獭在内，共5个品种）。体形最小的是亚洲小爪水獭，由于它们的长相和动作都十分可爱，所以深受大家的喜爱。

水獭有一个特点，无论在水中还是陆地，它们行动起来都非常灵活。防水皮毛、流线型身材、带蹼脚趾等细节，都透露出它们的体态优势以及强大的能力。

水獭耳朵的形状也很适合生活在水边。那样的长相使得它们在水里只要稍稍抬头，眼睛鼻子耳朵就能同时露出水面。水獭的耳朵很小，游泳时能够减少受到的阻力，鼻孔和耳道还会自动关闭，以防进水。

用声音进行交流 对同伴们的呼唤 “有求必应”

声音交流对群居生活的重要性

“水獭”（水獭亚科）共 7 属 13 种，除了一部分种类以外，其他水獭生活在世界各地，而“水獭”只是它们的总称。水獭是鼬科家族的成员之一，以鱼类为主食，属肉食性动物。除了栖息在河流、湖泊、海岸一带，它们也会生活在有人类居住的稻田附近。

所有的水獭都是超级厉害的半水栖哺乳动物，它们不仅

在陆地上行动敏捷，还是游泳好手。它们水性娴熟，能够在水中一边滑行一边找寻猎物。

正如它们的名字那样，亚洲小爪水獭的指尖带有小爪子，是世界上体形最小的水獭，也是水族馆、动物园里很受欢迎的动物之一。亚洲小爪水獭生活在东南亚及中国南部地区的水边，通常约 10 只组成一个群体，共同生活。

就像大家知道的那样，亚洲小爪水獭之间通过各种声音进行交流，只要有一只水獭发出哀鸣，所有的小伙伴都会前来相助。

水族馆里的水獭也有超级厉害的耳朵！

生活在水族馆的水獭，它们的体能同样出众，非常活跃，它们还会积极地用声音与同伴们进行交流。如果动物园或者水族馆开设水獭家族或水獭群体的展示，我们就能观察到它们之间的交流了。

迄今为止，阳光水族馆已经多次对水獭进行人工繁育，并且都获得成功。在那里似乎也证实了水獭会使用多种声音来进行彼此间的交流。这是父母在呼唤孩子，还是同伴们在邀约嬉戏？我们就这样一边想象，一边观察，何尝不是一种乐趣呢！

请注意观察水獭聆听同伴声音时耳朵的动作，还有身体的姿势！

负责饲养水獭的工作人员说："只要一听到引起它们注意的声音，水獭们就会立刻转向声源方向，不仅如此，它们还会竖起耳朵呢。水獭在听声音的时候，通常会双脚站立起来。它们可能是把自己当成'移动天线'了。"

另外，当我们用手机给水獭拍摄视频，并播放给它们看的时候，水獭似乎对视频中自己的样子和声音极其敏感，饶有兴趣，它们还会做出回应。这也许是它们听懂了视频中声音的意思吧。

"水獭似乎能够很好地分辨出振动和声音。它们知道有人走上饲养场外面的楼梯，也分辨得出我们打开外面大门的声音。我们还不清楚水獭的耳朵或听力是好是坏，但只要有人大声喊叫或用嘴发出'啾啾'的声音，水獭们就会拼命朝这边看过来。"这是工作人员提供的一则趣闻。

进一步深入挖掘耳朵话题！

恐怖的巨獭你可知道？

目光锐利，甚至还能干掉鳄鱼。
南美巨獭的恐怖故事。

南美巨獭是世界上体形最大的淡水水獭，它们生活在南美洲的河流、湖泊附近。有些家伙从头至尾的长度将近2米。它们一般以鱼类为食，有时也会依靠群体力量袭击鳄鱼。它们锐利的目光与尖锐的长爪，和娇小的亚洲小爪水獭相比简直有天壤之别。相较于其他物种，南美巨獭的耳朵会比较大，并且有硬挺的耳廓。南美巨獭已被列入濒危物种，我们在日本的水族馆和动物园都看不到它们。

抓拍小技巧

活动性太强，只能拍到睡觉时的脸！
既然如此，就要抓准机会一举成功。

无论在水中还是陆地，水獭总是一刻也不停住。我们好想抓拍到它们可爱的样子，无奈离得远又拍不着。就只能等它们睡着了再拍，可是光拍睡觉的样子怎么够呢！“当水獭听到能引起它们注意的声音，就会一起朝声音方向看过来”，这就是我们抓拍的机会了，它们的小耳朵还会竖起来哟。水獭听力出色，好奇心又旺盛，当它们一起朝这边看过来的时候，大家就赶快按下快门吧。

鲨鱼的嗅觉与听觉
鲨鱼能闻到血腥味吗？

基本信息

英文名
Japanese Bullhead Shark

中文名
宽纹虎鲨
（日本异齿鲨）

分类
虎鲨目虎鲨科

栖息地
日本本州中部以南海域，中国的东海、台湾北部等海域

从正面看，宽纹虎鲨就像长着一张猫脸，所以很好理解它们在日本被叫作“猫鲨”。宽纹虎鲨虽然有一张可爱的脸蛋，但也有暴力的一面，它们可以用强劲的下

颚力量咬碎海螺壳，吃海螺壳里面的肉，因此它们也被称为“海螺粉碎机”。除宽纹虎鲨之外，还有很多性格迥异的鲨鱼。（阳光水族馆 饲养员）

隐形的耳朵
超强的功能

大家对鲨鱼的印象可能就是“嗅觉灵敏”“对血腥味特别敏感”等。然而，据说在鲨鱼的感觉器官中，听觉，也就是耳朵的功能，是同样显著的。虽然有些鲨鱼很凶残——例如大白鲨，它们甚至还会袭击人类——但也有一些鲨鱼，主

要点

神秘的米氏叶吻银鲛

米氏叶吻银鲛在深海鱼爱好者中的人气急速上升。它们全身每个部位都极具特色，例如棒状结构的象鼻，还有巨大的胸鳍等。

要以浮游生物为食。

那么，这些鲨鱼的耳朵是什么样子的呢？

宽纹虎鲨以可爱的长相博得大家的喜爱，它们的眼睛上方有两个像猫耳朵一样的隆起，身上的条纹看起来也很像深褐色的猫纹图案。

然而，宽纹虎鲨眼睛上的耳状隆起并不是真正的耳朵，而是骨头。宽纹虎鲨行动缓慢，个性温和，外加一张可爱的猫脸，令它们深得孩子们的喜爱，成了触摸池里的人气王。

要点

触摸池里的人气王——宽纹虎鲨

宽纹虎鲨是水族馆里的人气王。它们全身长满了深褐色的横纹，就像猫咪身上的条纹图案。它们的眼睛上方还有两个隆起，活脱是两只猫耳朵。

感受电力的洛伦兹壶腹——鲨鱼、银鲛的“第六感”！

隐藏在身体里的耳朵

在鲨鱼生活的水环境中，声音是以水为介质，直接传入一个叫作内耳的听觉器官。因此，鲨鱼没有突出体外的耳廓以及外耳道，从外观看起来只有耳孔，而内耳则隐藏在体内。

除了耳朵之外，鲨鱼等一些鱼类还拥有叫作“侧线”的感觉器官。侧线不是耳朵，但可以感知振动。

“侧线”这个名词听起来可能有点陌生，那就请大家联

想一下竹荚鱼的硬鱼鳞（棱鳞），侧线就隐藏在棱鳞的底下。

但耳朵和侧线的不同之处在于：前者是负责听觉和维持身体平衡的器官；后者则主要参与接收外来刺激，比如感知水流状况等等。

从耳朵好萌的角度来观察鲨鱼

银鲛，俗称带鱼鲨。虽然它们的名字里也有一个“鲨”字，但却不是真正的鲨鱼。让我们也来关注一下米氏叶吻银鲛——这位鲨鱼的近亲小伙伴吧！米氏叶吻银鲛，属银鲛目叶吻银鲛科，虽然它们和鲨鱼家族以及鳐鱼家族一样都属于软骨鱼类，但与噬人鲨、鲸鲨这些所谓的“鲨鱼”不同，它们属于全头亚纲[①]。银鲛目包括银鲛科、长吻银鲛科和叶吻银鲛科，诸如此类的稀有物种，不胜枚举。

从前，米氏叶吻银鲛在阳光水族馆的知名度几乎为零。但从 2019 年开始展出后，它们引起了广泛的关注。2020 年，阳光水族馆成功孵化了日本国内第一颗米氏叶吻银鲛卵。

米氏叶吻银鲛的嘴巴前端长着一条象鼻模样的棒状结构，光是这个特点就足够吸引眼球了，再加上它们不停拍打的巨型胸鳍……是不是很像扇动着大耳朵，在空中飞翔的著名卡通形象小飞象呢?

①噬人鲨、鲸鲨属于板鳃亚纲。——译者注

不过，一说到米氏叶吻银鲛的身体，正如前面所述，因为它们是鱼类，是通过身体里的内耳来感知声音的，所以从外观上我们看不到它们的耳朵。

在象鼻状突起的顶端，覆盖着被称为“洛伦兹壶腹”的电流感应器，让它们可以感知到其他动物发出的微弱电流，并且还能帮助它们在海底泥沙中找寻到食物。

自古就有“鲨鱼第六感”的说法，这刚好完美表述了“洛伦兹壶腹”的功能。在海洋运动爱好者的群体当中，流传着这样一个说法：只要带着干电池就不会被鲨鱼袭击。不过是真是假就不得而知了。不过，国外已经进行了一项“让鲨鱼退避三尺的磁铁”试验，似乎是取得了不错的成果。

进一步深入挖掘耳朵话题！

鲨鱼的耳朵里有沙石？！

鱼类的耳石与身体平衡有关。

鲨鱼的耳石是沙粒状的。

鱼类（硬骨鱼纲）全靠有耳石，才能在水中保持身体平衡，自由自在地游泳。它们耳石上的环纹就类似树的年轮一样，会伴随鱼体成长而慢慢变大。因此，我们可以通过耳石上的纹路，来推断出鱼的年龄。而鲨鱼、鳐鱼等软骨鱼类则与硬骨鱼类不同，它们的耳石呈细沙状而非石块状，我们称之为耳砂或平衡锥。

鲨鱼的五感（+ 一感 = 六感）

鲨鱼独特的感觉器官。

除了五感再加上电感（洛伦兹壶腹）总共有六感？

鱼类与其他动物一样，它们用眼睛看东西；它们嘴巴前面的一对鼻孔，有着发达的嗅觉功能；它们的口腔内布满的味蕾，能辨别出许多味道；藏在头骨两侧的内耳用来听声音；全身的皮肤发挥着触觉的功能。于是，眼睛对应视觉，鼻子对应嗅觉，味蕾对应味觉，内耳对应听觉，皮肤对应触觉，这些优秀的感觉器官再加上鲨鱼特有的电觉器官——洛伦兹壶腹，构成了鲨鱼的六大感觉器官。

你知道吗？白姑鱼的耳石超级大！

我们一听到“耳朵”这个词，往往会联想到许多哺乳动物身上的“外耳”部分，但鱼类没有外耳，它们只有内耳。现在普遍认为鱼类的内耳除了可以听到声音以外，

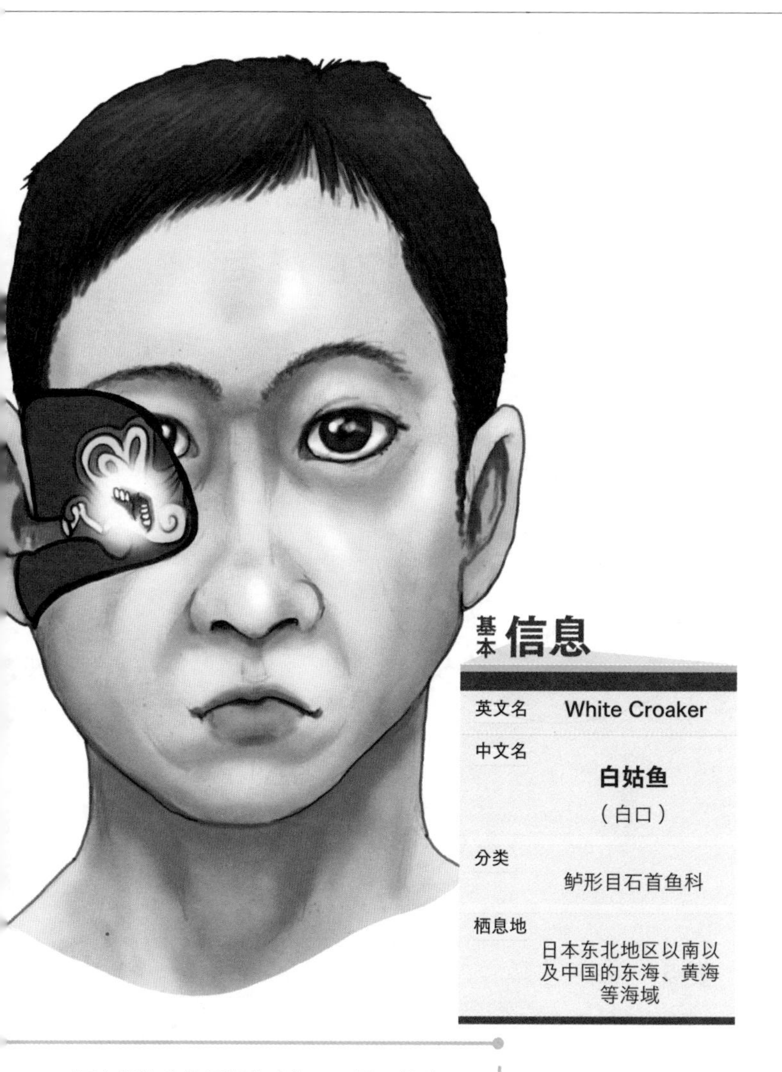

基本信息

英文名	White Croaker
中文名	白姑鱼 （白口）
分类	鲈形目石首鱼科
栖息地	日本东北地区以南以及中国的东海、黄海等海域

还有保持身体平衡的功能。只要一想到耳石在鱼类的听觉器官中发挥着作用，就会感到它们那不可思议的迷人魅力。（阳光水族馆饲养员）

白姑鱼有超级大的耳石
身体银白还会抱怨
标准的日文名叫作白愚痴

要点

鱼鳔也与听觉有关

鱼类的平衡感与听觉，与它们体内的耳石和体表的侧线有关。而鱼类能够控制身体沉浮则完全归功于鱼鳔，不光如此，鱼鳔还与它们声音的传输与接收有关。

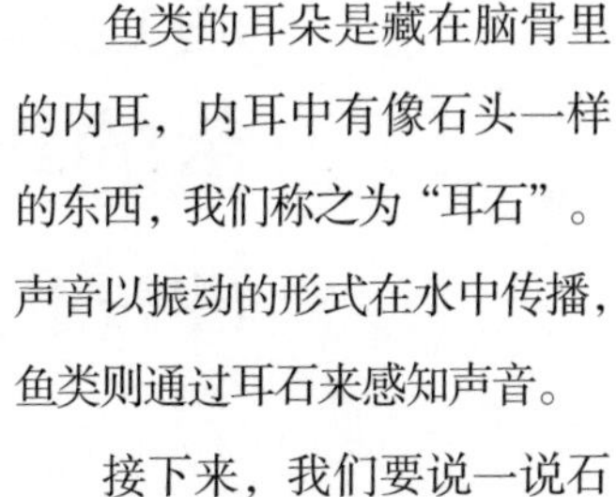

鱼类的耳朵是藏在脑骨里的内耳，内耳中有像石头一样的东西，我们称之为“耳石”。声音以振动的形式在水中传播，鱼类则通过耳石来感知声音。

接下来，我们要说一说石首鱼科的白姑鱼。因为它们是“石首鱼”科，所以耳石特别发达！

阳光水族馆的饲养员曾告诉我：“记得我上小学时去钓鱼，钓到一条白姑鱼，一直发出‘咕咕咕’的声音。它们这样的发声行为是通过鱼鳔来完成的。白姑鱼利用鱼鳔壁肌肉的收缩与振动来发出声音。我们水族馆里饲养的是白姑鱼的近亲小伙伴——来自加勒比海的斑高鳍。我在潜水清扫的时候，经常会听到它们发出的声音。”

要点

脑袋里有石头所以叫石首鱼

鱼类的耳朵是从外观上看不到的“内耳”，内耳中的石块状器官名为“耳石”，控制着鱼类的身体平衡。白姑鱼（白口）属石首鱼科，就因为石首鱼脑袋里的耳石特别大，才被叫作“石首鱼”。白姑鱼体色银白，还会发出“咕咕咕”的声音，听起来像没完没了地抱怨，所以白姑鱼的标准的日文名称是白愚痴[①]。

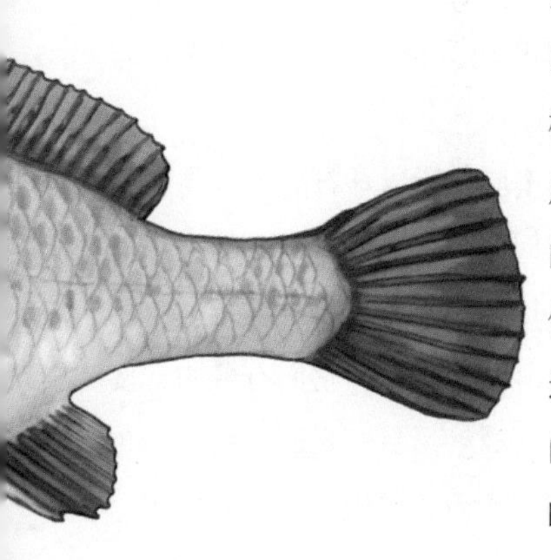

①白愚痴的日语读音为SHIROGUCHI。日语愚痴的意思为抱怨牢骚。——译者注

通过耳石可以知道鱼的年龄 神秘的鱼耳石

耳石发达的石首鱼类

鱼类通过内耳与侧线接收声音。如前文所述，鱼类没有外耳和中耳，内耳中的耳石负责接收声音和维持身体平衡。耳石的主要成分是碳酸钙。

竹荚鱼、青花鱼这些我们平时统称为“鱼”（硬骨鱼纲）的物种，它们的耳石呈石块状，而鲨鱼、鳐鱼（软骨鱼纲）却只有沙状的耳砂（别称平衡锥）。两种耳石在形态上的差异正是它们有趣的地方。

不仅如此，因为鱼的种类不同，所以耳石的大小与形状各不相同。在一定程度上，我们似乎可以通过耳石的大小与环纹（类似树木的年轮）推测出鱼类的年龄。

我们前面已经讲过石首鱼科的白姑鱼，它们有着非常发达的耳石。有趣的是天竺鲷科同属鲈形目，它们中的一些鱼类同样长有发达的耳石，例如红头齿天竺鲷、金线天竺鲷、管竺鲷以及稻氏天竺鲷等等。

鱼类专家能否直接从鱼类的外观推测出它们的耳石大小呢？关于这个问题我请教了相关人士，得到的回答是这样的：

“我认为在每一个物种的身体构造中，耳石的大小是存在着一定规律的。但我们很难从外观或名字上直接判断出它们的耳石大小。”

大家来吃鱼，做个“耳石猎手”吧

从 2021 年至 2022 年，阳光水族馆举行了以骨骼和骨骼结构为主题的特别展览——“透明骨展·遇见·龟壳是肋骨”。负责企划这次活动的工作人员为了活动展示的需要，貌似煮了好多鱼，为的是取出它们身体里面的耳石。

日本宫城县开展了一场关于耳石的有趣活动。宫城县鱼产市场协会和县政府，以小学生为对象，开办了“耳石猎手培养”讲座，他们通过收集耳石，来帮助学生们加深对海洋生物的了解。

在宫城县“耳石猎手室”的官方网站上，有详细介绍如何获取耳石的方法——从吃剩下的鱼头上，去除左右两边的鱼鳃盖以及鱼背上的骨头后,只留下头骨。去除眼珠和鱼嘴骨，将头骨一分为二就能看见耳石了。再用镊子取出耳石，清洗干净。

据说水族馆方面为了提高耳石的美观程度，特意使用了漂白剂。此外，阳光水族馆内还有一位厉害人物，可以在被煮熟前的活鱼身上生取耳石。在鱼类爱好者与骨骼爱好者当中，已经悄悄地掀起了一股取耳石的风潮。你要不要也试一试呢?

进一步深入挖掘耳朵话题！

展示与介绍动物的身体内部

水母不为人知的特异功能。
关键在于平衡囊。

最近水族馆举办的活动越来越讲究了。2021 年，阳光水族馆举办的“透明骨展”，内容聚焦于隐藏在动物体内的骨骼。其中，通过动物与人体变形的插画形式，还原展出“龟壳是肋骨”，展厅中气氛十分活跃；隐藏在鱼类身体里的骨头“隐藏骨”的展厅内，还有原创卡片及耳石的展出，场面十分火爆。

你们知道鱼类的“听壶”吗？

鱼类洄游，鸟类迁徙……动物世界尽是谜团。
也许耳石也有它的秘密。

人类通过对耳石进行的各项研究，逐渐揭开了其神秘的面纱。科学家们已经证实在鱼类、鸟类及两栖类动物的身上有一个被称作“听壶”的耳石器官。听壶中含有丰富的磁性物质，例如铁。因此也有人认为鱼类的洄游以及鸟类的迁徙很可能与此有关。人类感知磁力的功能已经退化了，也许鱼类等动物对磁力的感应会更敏锐。

宇宙大验证?!能感受重力的水母

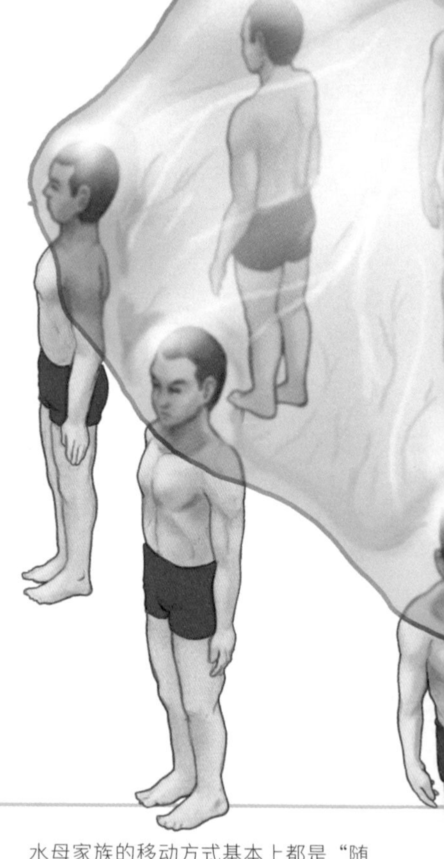

水母家族的移动方式基本上都是“随波逐流（游泳）”。当水箱内的水流速度较弱时，我们会发现像海荨麻水母这些有一定游泳能力的水母，它们的伞面会朝向

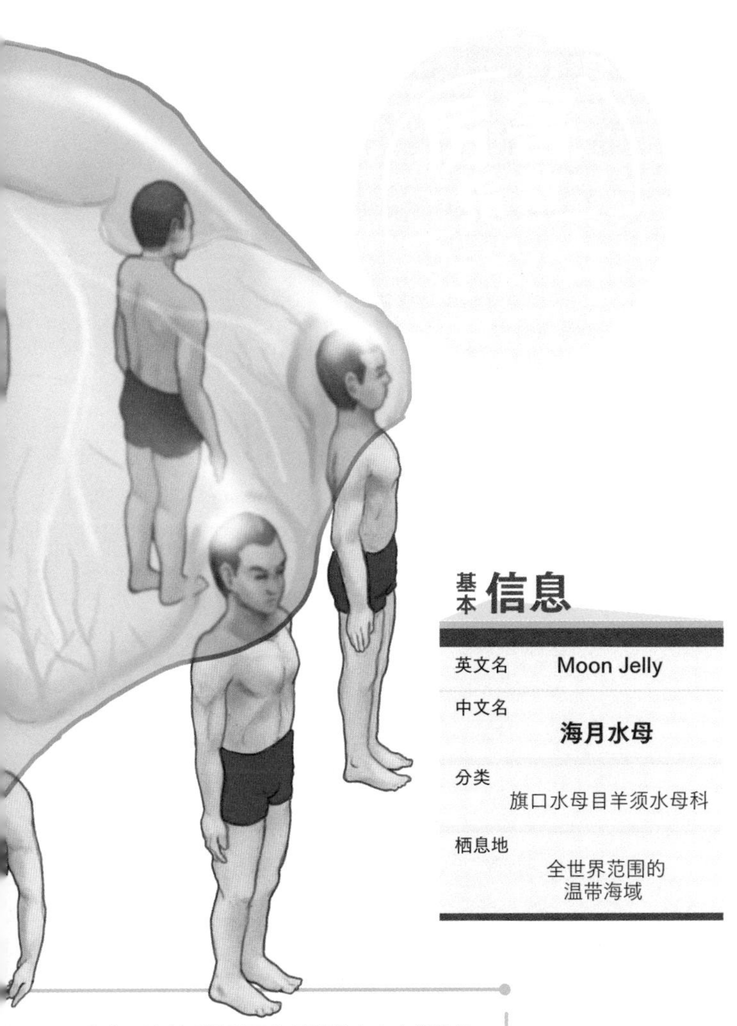

基本信息

英文名	Moon Jelly
中文名	海月水母
分类	旗口水母目羊须水母科
栖息地	全世界范围的温带海域

上方，这似乎说明了在某种程度上它们能掌握水面方向。我认为水母是一种神秘的生物，在它们的身上还藏有许多尚未解开的谜团。（阳光水族馆 饲养员）

伞缘里的平衡石
平衡感一流的超厉害水母

要点

伞缘里独特的感觉器官

在水母的伞缘处有类似鱼类耳石那样的感觉器官——平衡囊，人们普遍认为平衡囊与身体平衡有关。正因为有了平衡囊，水母才不会上下颠倒，始终让身体保持正向。

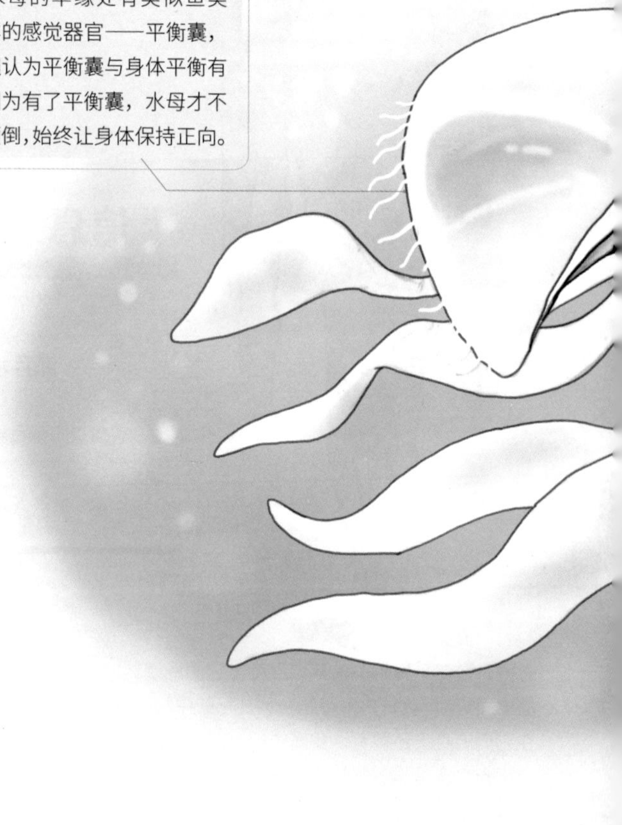

水母是一种浮游生物，常随着水流漂浮游荡。看似脆弱的它们已经存活了6亿年，甚至10亿年之久。我们熟悉的海月水母身体里充满了胶质，富有弹性。

近年来，越来越多的水族馆开始致力于展示水母。一方面是观赏水母能纾解人们的紧张与焦虑，对观赏者起到一定的疗愈作用；另一方面是因为水母的身体构造本身就充满了神秘感。据说水族馆的饲养员会被问到各种各样关于水母的问题。

“水母有眼睛和耳朵吗？”

正确的回答是：“因为有眼点（eyespot），所以水母是有眼睛的，但它们没有耳朵。”不过，水母能通过一种类似鱼类耳石那样的“平衡石（statolith）”来保持身体的平衡。

要点

极其简单的身体构造

水母体内95%以上的成分都是水。它们身体的构造非常简单，而且它们不擅长游泳，也没有耳朵。但它们却可以感知到光线，还会随着光线的变化而一张一合。

听水族馆负责人讲水母的那些数不清的神秘超能力

海月水母有 8 个感觉器官，共计 16 个眼点

海月水母是日本海域和水族馆里最常见的水母，它们半透明的伞体中央有四个圈圈，看起来很像四叶草的形状。因为这个特征，海月水母也被叫作“四眼水母”。说是四眼（眼睛），但正确来讲这四个圈圈相当于它们的生殖器和嘴巴。它们真正的眼睛则位于伞缘，是一种被叫作“眼点”的器官，这些眼点能够感受光线的强弱与光源的方向。在海月水母的伞缘上，一共有 8 个感觉器，每个感觉器中有 2 个眼点，共计 16 个眼点。

然而，它们似乎只能识别光线的强弱，以及对光线等刺激做出反应（能够识别光线强弱就意味着对光线刺激有反应）。

说到耳朵，在水母的身上并没有与人类或其他一些动物的耳朵相对应的身体器官。与平衡感有关的身体器官有“平衡石”，水母通过这些平衡石来维持自身的平衡。

因为有了平衡石，所以水母在一定程度上似乎能够感知水面位置和水流方向，但它们几乎没有自主游泳的能力。

在大多数情况下，水母都处在被捕食的状态。它们在海里随水流漂浮而生，就算察觉到危险也无法逃脱。并且，虽然水母的身体成分绝大部分都是水，但也含有鱼类所需要的营养物质，据说它们可以媲美磷虾。那水母就只能被吃掉了吗？

当我们就此问题询问饲养员时，他们是这样回答的：“首先，水母的游泳能力很弱，它们没办法主动游开，因此就算察觉到危险，它们逃避危险的能力也很低。其次，水母可以通过眼点感知光线的强弱，也可以辨识水流方向等，但能够到达什么程度就不得而知了。”

新江之岛水族馆（神奈川县）有着世界上首屈一指的水母展示活动，我们同样请教了那里专门负责饲养水母的工作人员，得到的答案是：“就算在光影与音乐的展示厅里举行投影映射，水母对此也没有什么特别反应。但它们对水波振动会有反射动作。”这实在是耐人寻味啊。

水母的能力已经获得宇宙大验证了吗?!

耳朵是身体的平衡器官，可以令人感受到重力以及身体的倾斜。水母和人类一样，也有这些能力。当人类的耳石因为某种原因移位或脱落时，就会引发眩晕等症状。

科学家们在太空舱里进行的实验表明，水母可以感受到重力，哪怕是非常微小的重力。然而，人类对水母的其他研究进展甚微，哪怕是日本海域最常见的海月水母，仍有不少的未解之谜。

不过，尽管水母只是一种原始的生命形态，但它们能够顺应环境，在全世界繁衍生息。从这一角度出发，水母似乎又是一种非常优质的生物。

进一步深入挖掘耳朵话题！

水母的眼点和平衡囊

水母不为人知的能力——关键在于平衡囊。

所谓的平衡囊就是一个囊状结构，里面长满了纤毛，这种纤毛被称为感觉毛。平衡囊中有可以维持身体平衡的平衡石，它们的身体一旦发生倾斜，平衡石就会触碰到其他部分的感觉毛，水母就能感知到自己的身体正在发生倾斜。平衡囊能够感知重力这一点，已经在太空舱实验中得到了证实，报告显示水母甚至可以感受到极其微小的重力影响。此外，眼点也位于平衡囊之中。

从“耳朵好萌”的视角出发，探索新江之岛水族馆

以海豚秀闻名的 ENOSUI[①]，那里的水母展同样不能错过。

在新江之岛水族馆里还养殖了很多稀有品种的水母。当问及有哪些看点时，饲养员是这样回答的：“流星腔栉水母和一种底栖型栉水母看起来很可爱，像长着大耳朵一样，它们进食的样子也超棒。还有一种柔海胆目的小伙伴，和水母一样同属无脊椎动物，它们看起来就像个软绵绵的气球，有一些还长了‘耳朵’。”

① ENOSUI 是对新江之岛水族馆的爱称。——译者注

扁面蛸

深海生物之神秘的『耳朵』

啪嗒

啪嗒

我是扁面蛸。

住在日本相模湾至中国东海水深 200 ～ 1000 米的海域。

我们身高 4 厘米，身体直径在 15 ～ 20 厘米，没错，我们是扁平的啦！

面蛸的“面”，面蛸的“蛸”，面蛸！

我们的身体呈圆盘状，腕间长有薄薄的“鳍膜”。

有了它，我们就可以让身体漂浮起来，再急速下降。

连我自己都觉得很像 UFO。

或者你也可以叫我们“黏黏蛸”！

大家都好兴奋啊！

我们的脑袋上长着两根“飘带”，经常被人说这好像“耳朵”啊。

这个像耳朵的东西，具体是什么我也不清楚，据说是一种“鳍”。

游泳的时候，它可以保持我们的平衡，

你去看一下我们游泳时，“飘带”摇摆的样子吧。

什么？你问我既然是章鱼，那会不会喷墨汁？

不好意思，我们没有墨囊，所以不会哟！

亚洲小爪水獭

在阳光水族馆可以看到的可爱耳朵大集合!

水族馆也是一个观察“耳朵”的好地方。阳光水族馆是一个较小规模的都市型水族馆，但却有很多极具魅力的动物。[1]

凯门蜥

南非企鹅

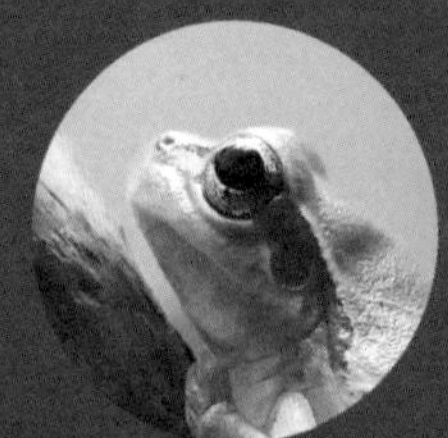

雨蛙

观察水中、水边动物的耳朵

扁面蛸晃动的“耳朵”

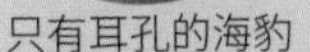

只有耳孔的海豹（左）和有外耳廓的海狮

①可能会有因动物身体欠佳等状态而无法展示的情况发生。

第3章

闲话身边的动物耳朵

密西西比红耳龟
看似耳朵的红色斑块

“我在集市上捞到的乌龟越长越大了。”说这话的朋友，捞到的乌龟一定是叫作密西西比红耳龟（别名巴西龟）的外来龟种。

不过，细细看来，密西西比红耳龟还是蛮可爱的，那对像耳朵一样的红色斑块也十分漂亮。

“在生物身体的某个部位长有像眼睛模样的斑纹，可以让自己的体形看起来更大些，起到虚张声势、吓退敌人的作用。游蛇科家族的虎斑颈槽蛇，它们的颈部腺体有毒，那里的皮肤呈鲜艳的亮黄色，而红耳龟的红色斑纹却没有任何功能。不过，在水草茂盛的地方，它们的红色斑纹可能有混淆视觉的作用。”

在大多数情况下，青蛙的眼后长有鼓膜，而蜥蜴家族的很多小伙伴只有耳孔。（阳光水族馆 饲养员）

基本信息

英文名	Red-Eared Slider
中文名	红耳龟
分类	龟鳖目泽龟科
栖息地	原产于美国南部等地 后作为宠物遍布全球

鱿鱼的耳朵
貌似耳朵的“鳍”

①素面是日本的一种细面条。鱿鱼素面则是一种刺身料理，外观像白色的素面。——译者注

生动有趣的海豚表演和色彩斑斓的热带鱼确实不错，不过水族馆的粉丝们也别忘了留意鱿鱼哟。

鱿鱼和章鱼都属于头足纲动物，在无脊椎动物当中，数它们的体形较大。不仅如此，它们的脑袋也大，甚至还有人推测“鱿鱼也许还很聪明哟”。

另外，从吃货的角度来看，鱿鱼也是一种极好的食材。从身体、触手到内脏，它们全身每个部位都很美味。就连被称为“耳朵”的部分，也能做成大家熟悉的鱿鱼素面，其实它正式的名称叫作“平衡鳍”。据说无论它们是身体静止不动时还是游动时，平衡鳍都能起到保持平衡的作用。

因此，这部分的肌肉比较发达，品尝起来口感爽脆，味道也是超级棒。

据说鱿鱼有耳砂，我很遗憾从未亲眼见过，可能极少有人能够拥有这种眼福吧。（阳光水族馆 饲养员）

基本信息

英文名 Japanese Flying Squid

中文名
鱿鱼
（日本鱿）

分类
枪形目柔鱼科

栖息地
日本近海（最近扩大至阿拉斯加、加拿大、越南等地）

豚鼠
“听说达人”

豚鼠，又名天竺鼠，英文名为 Guinea Pig。原产于南美洲，与天竺（印度）或是 Guinea（几内亚）都毫不相干。豚鼠为草食性动物，对纤维的消化能力很强，不过在所有哺乳动物当中，只有豚鼠、人类等灵长类动物，是无法在体内自行合成维生素 C 的。也许是出于这个原因，豚鼠特别爱吃蔬菜。甚至还听说“它们听到远处有人开冰箱门的声音时，就开始闹腾了，它们都在等着吃黄瓜呢”。豚鼠的听力似乎还不错。

另外，豚鼠和仓鼠经常会被混淆，我们对比一下，就很容易看出豚鼠的特点了。仓鼠几乎不发出声音，而豚鼠时常会发出“噗噗噗”的声音。此外，豚鼠的听力十分发达，这可能是为了听到小伙伴们的声音。

大家很容易把豚鼠与仓鼠搞混，可是它们的耳朵形状还有性格都不太一样，很有意思。（兽医 北泽医生）

基本信息

英文名	Guinea Pig
中文名	**豚鼠** （天竺鼠）
分类	啮齿目豚鼠科
栖息地	原产于南美洲 后作为宠物遍布全球

为什么牛耳朵横着长，而马耳朵竖着长呢？

牛属偶蹄目，每足两趾（蹄）；马属奇蹄目，每足单趾（蹄）。

进一步讲，牛是反刍动物，无论从体重还是脚趾的形状来看，它们跑起来都会比较慢。因为“逃不掉就只能战斗了”，所以它们在关键的地方长出了牛角。此外，牛的耳朵也比较大，可以收集到来自四面八方的声音，以便它们在第一时间发现敌情。

相对而言，马只有单趾，它们的身体阻力小，跑得快，更倾向于“逃而不战”，所以它们的头上没有角。它们的耳朵长在头部很显眼的位置，耳朵之间距离较近，不但能更立体地听到声音，还能轻松地估算出自己与对手之间的距离。但这样的缺点是，它们只能听到较小范围内的声音。不过，马的耳朵可以自由转动，因而奔跑起来时耳朵可以往后倒，减少了自身的阻力。

牛和马的进食方式也不一样。牛没有上门牙，靠翻卷舌头来采食；马则是用上下牙齿来咀嚼食物的。（兽医 北泽医生）

基本信息

英文名	Cattle	Horse
中文名	牛	马
分类	偶蹄目牛科	奇蹄目马科
栖息地	作为家畜遍布全球	

日本松鼠
一到冬天连耳朵都长毛

夏季和冬季
完全判若两
"鼠"嘛！

你是……
没错吧?

松鼠生活在森林里，适应了树栖生活并繁衍生息。

日本本土松鼠生活在平地和树林中，以坚果为主食。

与此相对，大家熟悉的宠物松鼠——花栗鼠，则是半树栖动物，它们会在地下挖洞筑巢。

就让我们来比较一下日本松鼠和花栗鼠吧。

日本松鼠不冬眠，一到冬天就会换上厚实的灰褐色茸毛。就连耳朵尖也会长出毛茸茸的长耳毛，看起来就像戴了耳套似的。顺便一提，一到夏天日本松鼠又会换回紧密的棕褐色体毛。

而花栗鼠虽然存在季节性换毛现象，但毛色上并无明显差异，并且它们会冬眠。花栗鼠口腔内有颊囊，用来暂时储存食物，而日本松鼠没有颊囊。

日本的冬天很冷，如果没有浓密的被毛保护，它们的耳朵很容易被冻伤。（兽医 北泽医生）

基本信息

英文名	Japanese Squirrel
中文名	日本松鼠
分类	啮齿目松鼠科
栖息地	日本本州、四国和九州岛

协助取材

接下来要介绍取材单位，就是他们为我们提供了来自饲养现场的真实评论。让我们花上一天或者半天的时间，仔仔细细地去观察一下动物们的“耳朵”吧！

①协助取材的动物园

横滨动物园 ZOORASIA

横滨动物园 ZOORASIA 是日本国内占地面积最大的动物园，里面饲养着来自世界各地的野生动物。园内根据全世界的气候与地区，划分为 8 个区域，可以让游客们在环游世界的氛围之中，领略学习生物生态的乐趣。

这里的特色在于，园内不仅有狮子、大象、斑马等为大家所熟知的动物，还有长鼻猴、来自非洲热带雨林的霍加狓等一些珍稀动物。

横滨市总共有 3 家市立动物园，它们各具特色且魅力十足。除了 ZOORASIA 以外，另外两家分别是野毛山动物园（西区）和金泽动物园（金泽区）。

地址：神奈川县横滨市旭区白根町 1175-1
电话：045-959-1000
营业时间：9:30—16:30（最终入场时间为结束前 30 分钟）
休园日：周二（遇到节假日则次日休园）；12 月 29 日—1 月 1 日
门票：儿童 0 ～ 300 日元；成人 300 ～ 800 日元
交通指南：相铁本线鹤峰站三境站、JR 横滨线、横滨市营地铁中山站换乘横滨动物园方向公交车，横滨动物园站下车
网址：https://www.hama-midorinokyokai.or.jp/zoo.zoorasia

②协助取材的水族馆

阳光水族馆

阳光水族馆是日本第一家都市高楼型水族馆，于 1978 年开馆，2011 年进行了一次全面翻新。水族馆以“空中绿洲”为主题，将室内与屋顶的露天空间打造成最贴近自然的环境，以供馆内生物在此生息，旨在引发人们对生命与环境问题的兴趣。

水族馆有一个从正面到头顶的、宽约 12 米的大型悬垂式水槽，呈现在大家眼前的是好像翱翔于池袋上空的企鹅。除此之外，贝加尔海豹、亚洲小爪水獭、加利福尼亚海狮等大受欢迎的海洋动物也都得到了很好的繁育。水族馆同样致力于对深海生物的饲育与调查研究。

地址：东京都丰岛区东池袋 3-1 Sunshine City World Import Mart 大厦屋顶
电话：03-3989-3466
营业时间：9:30—21:00（最终入场时间为结束前 1 小时）①
休馆日：无
门票：儿童 0～1200 日元；成人 2400 日元
交通指南：JR 各线；东京 metro 各线；西武池袋线；东武东上线池袋站下车，步行 10 分钟
网址：https://sunshinecity.jp/aquarium

①营业时间可能随季节更改。

③协助取材的水族馆

品川水族馆

由品川区经营的这家水族馆和阳光水族馆隶属同一集团，彼此间有着紧密的合作关系，他们共同举办过一些有意思的展览，例如在阳光水族馆里出生的水獭会移驾到品川水族馆等等。

水族馆里最大的亮点是拥有 200 多条鱼的“海底隧道”，隧道全长 22 米。海龟们在头顶四周自由游动，游客们仿佛漫步于海底。除此之外，游客还可以在“海豹馆”全方位地观察海豹来回畅游，位于室外的海豚秀也是非常值得一看的。

品川水族馆位于东京湾附近，馆内水箱无不展现了东京湾与流入东京湾的河流的生态，与所展示的鲨鱼水箱等一样，能不断地激发出大家的求知欲。

地址：东京都品川区胜岛 3-2-1
电话：03-3762-3433
营业时间：10:00—17:00（最终入场时间为结束前 30 分钟）
休馆日：周二（节假日照常营业）
门票：儿童 0 ～ 600 日元；成人 1350 日元
交通指南：京急本线大森海岸站下车，步行 8 分钟
网址：https://www.aquarium.gr.jp

④协助取材的水族馆

新江之岛水族馆

这个水族馆面朝相模湾，远眺江之岛，周围交通便利。除了参观水族馆之外，游客们还可以在附近散步，十分有意思。馆内包括有灰海豚（来馆 35 年）在内的海豚秀，以及 8000 多条沙丁鱼一起游动的“相模湾大水槽”，场面壮观，人气非常高。

这里不同于其他水族馆的是，新江之岛水族馆专注于与 JAMSTEC（日本海洋研究开发机构）长期合作研究饲养深海生物的方法。馆内专门设有再现深海环境的深海水槽，能让游客们领略到深海的神秘。不仅如此，这里还有其他一些体验馆，可供大家边玩边学，研究一下那些连眼睛、嘴巴都没有的生物，比如深海管状蠕虫和水母等等。

地址：神奈川县藤泽市片濑海岸 2-19-1
电话：0466-29-9960
营业时间：3—11 月 /9:00—17:00
12—2 月 /10:00—17:00（最终入场时间为结束前 1 小时）
休馆日：无（有临时休馆）
门票：儿童 0 ～ 600 日元；高中生以上 1700 ～ 2500 日元
交通指南：小田急江之岛线片濑江之岛站下车，步行 3 分钟
网址：https://www.enosui.com/

⑤协助取材的兽医师

五十三次动物医院
北泽功医生

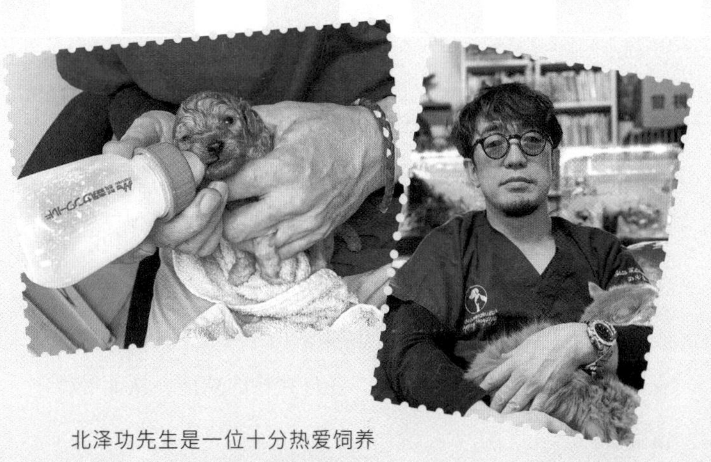

北泽功先生是一位十分热爱饲养生物的兽医。从酪农学园毕业之后，先后于长野市茶臼山动物园和城山动物园担任兽医，参与并负责过各类动物的诊疗工作。

2010 年，他独立开办“五十三次动物医院”，主要的业务内容包括为宠物（小狗、小猫、兔子等）提供医疗服务以及对宠物进行日常的健康管理。不过，北泽医生说了，他还能替大象、狮子、长颈鹿、猩猩等动物诊疗，如有需要，欢迎随时咨询。

关于高龄宠物的护理及临终关怀等问题，北泽医生也给出暖心建议，还负责监修了《相似动物鉴别指南》[Beret（贝雷特）出版］等图书。

地址：东京都大田区大森东 1-5-2
电话：03-3761-5676
诊疗时间：9:00—12:00；13:00—19:30（周日 17:00 止）
休息日：周一
交通指南：京急本线平和岛站下车，步行 6 分钟
网址：https://53tsugi.com/

结 语

可不可以做一本只关注“动物耳朵”的图文书呢?

当然没有问题。

因为动物的进化都是为了适应不断变化的环境，在此过程中，它们演化出各种体形，各自独特的功能，从而变得丰富多样。

换言之，耳朵作为身体的一部分，也会随着动物的进化次数，演变出各种形状及功能。

这一点在哺乳动物身上尤为显著，因为它们夜行性较强，且较依赖于耳朵。

哺乳动物有着用来收集声音的外耳廓，只要将“收音器”转向声源方向，它们就不会错过任何细微的声音。

然而人类，几乎没有一个人是可以自由转动自己的耳廓的。

比起耳朵，人类与猴子似乎更依赖眼睛，因此作用于耳朵的肌肉也就日渐退化。

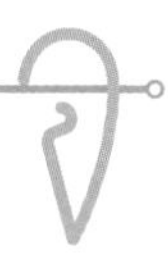

另外，在人类饲养的宠物狗和宠物兔当中，有垂耳的品种出现，这可能是它们离开了野生环境后，戒备心变薄弱的缘故吧。

像这样失去原本功能的退化现象其本身也是一种进化。

川崎悟司

著作权合同登记号：图字 18-2023-074

图书在版编目（CIP）数据

跟动物交换身体 . 3 /（日）川崎悟司著 ; 董方译 . -- 长沙 : 湖南科学技术出版社 , 2024.1
ISBN 978-7-5710-2094-1

Ⅰ . ①跟… Ⅱ . ①川… ②董… Ⅲ . ①动物－普及读物 Ⅳ . ① Q95-49

中国国家版本馆 CIP 数据核字（2023）第 218555 号

上架建议：畅销 • 漫画科普

GEN DONGWU JIAOHUAN SHENTI. 3
跟动物交换身体 . 3

著　　者：［日］川崎悟司
译　　者：董　方
出 版 人：潘晓山
责任编辑：刘　竞
监　　制：于向勇
策划编辑：陈文彬
文字编辑：刘春晓　王成成
营销编辑：黄璐璐　时宇飞　邱　天
版权支持：金　哲
版式设计：李　洁
封面设计：梁秋晨
出　　版：湖南科学技术出版社
（湖南省长沙市芙蓉中路 416 号　邮编：410008）
网　　址：www.hnstp.com
印　　刷：北京中科印刷有限公司
经　　销：新华书店
开　　本：787mm × 1092mm　1/32
字　　数：97 千字
印　　张：5.125
版　　次：2024 年 1 月第 1 版
印　　次：2024 年 1 月第 1 次印刷
书　　号：ISBN 978-7-5710-2094-1
定　　价：49.80 元

若有质量问题，请致电质量监督电话：010-59096394
团购电话：010-59320018